Wissenschaftliche Reihe
Fahrzeugtechnik Universität Stuttgart

Herausgegeben von
M. Bargende, Stuttgart, Deutschland
H.-C. Reuss, Stuttgart, Deutschland
J. Wiedemann, Stuttgart, Deutschland

Das Institut für Verbrennungsmotoren und Kraftfahrwesen (IVK) an der Universität Stuttgart erforscht, entwickelt, appliziert und erprobt, in enger Zusammenarbeit mit der Industrie, Elemente bzw. Technologien aus dem Bereich moderner Fahrzeugkonzepte. Das Institut gliedert sich in die drei Bereiche Kraftfahrwesen, Fahrzeugantriebe und Kraftfahrzeug-Mechatronik. Aufgabe dieser Bereiche ist die Ausarbeitung des Themengebietes im Prüfstandsbetrieb, in Theorie und Simulation. Schwerpunkte des Kraftfahrwesens sind hierbei die Aerodynamik, Akustik (NVH). Fahrdynamik und Fahrermodellierung, Leichtbau, Sicherheit, Kraftübertragung sowie Energie und Thermomanagement – auch in Verbindung mit hybriden und batterieelektrischen Fahrzeugkonzepten.

Der Bereich Fahrzeugantriebe widmet sich den Themen Brennverfahrensentwicklung einschließlich Regelungs- und Steuerungskonzeptionen bei zugleich minimierten Emissionen, komplexe Abgasnachbehandlung, Aufladesysteme und -strategien, Hybridsysteme und Betriebsstrategien sowie mechanisch-akustischen Fragestellungen.

Themen der Kraftfahrzeug-Mechatronik sind die Antriebsstrangregelung/Hybride, Elektromobilität, Bordnetz und Energiemanagement, Funktions- und Softwareentwicklung sowie Test und Diagnose.

Die Erfüllung dieser Aufgaben wird prüfstandsseitig neben vielem anderen unterstützt durch 19 Motorenprüfstände, zwei Rollenprüfstände, einen 1:1-Fahrsimulator, einen Antriebsstrangprüfstand, einen Thermowindkanal sowie einen 1:1-Aeroakustikwindkanal.

Die wissenschaftliche Reihe „Fahrzeugtechnik Universität Stuttgart" präsentiert über die am Institut entstandenen Promotionen die hervorragenden Arbeitsergebnisse der Forschungstätigkeiten am IVK.

Herausgegeben von

Prof. Dr.-Ing. Michael Bargende
Lehrstuhl Fahrzeugantriebe,
Institut für Verbrennungsmotoren und
Kraftfahrwesen, Universität Stuttgart
Stuttgart, Deutschland

Prof. Dr.-Ing. Jochen Wiedemann
Lehrstuhl Kraftfahrwesen,
Institut für Verbrennungsmotoren und
Kraftfahrwesen, Universität Stuttgart
Stuttgart, Deutschland

Prof. Dr.-Ing. Hans-Christian Reuss
Lehrstuhl Kraftfahrzeugmechatronik,
Institut für Verbrennungsmotoren und
Kraftfahrwesen, Universität Stuttgart
Stuttgart, Deutschland

Felix Wittmeier

Ein Beitrag zur aerodynamischen Optimierung von Pkw Reifen

Felix Wittmeier
Stuttgart, Deutschland

Zugl.: Dissertation Universität Stuttgart, 2014
D93

Wissenschaftliche Reihe Fahrzeugtechnik Universität Stuttgart
ISBN 978-3-658-08806-4   ISBN 978-3-658-08807-1 (eBook)
DOI 10.1007/978-3-658-08807-1

Die Deutsche Nationalbibliothek verzeichnet diese Publikation in der Deutschen Nationalbibliografie; detaillierte bibliografische Daten sind im Internet über http://dnb.d-nb.de abrufbar.

Springer Vieweg
© Springer Fachmedien Wiesbaden 2014
Das Werk einschließlich aller seiner Teile ist urheberrechtlich geschützt. Jede Verwertung, die nicht ausdrücklich vom Urheberrechtsgesetz zugelassen ist, bedarf der vorherigen Zustimmung des Verlags. Das gilt insbesondere für Vervielfältigungen, Bearbeitungen, Übersetzungen, Mikroverfilmungen und die Einspeicherung und Verarbeitung in elektronischen Systemen.
Die Wiedergabe von Gebrauchsnamen, Handelsnamen, Warenbezeichnungen usw. in diesem Werk berechtigt auch ohne besondere Kennzeichnung nicht zu der Annahme, dass solche Namen im Sinne der Warenzeichen- und Markenschutz-Gesetzgebung als frei zu betrachten wären und daher von jedermann benutzt werden dürften.
Der Verlag, die Autoren und die Herausgeber gehen davon aus, dass die Angaben und Informationen in diesem Werk zum Zeitpunkt der Veröffentlichung vollständig und korrekt sind. Weder der Verlag noch die Autoren oder die Herausgeber übernehmen, ausdrücklich oder implizit, Gewähr für den Inhalt des Werkes, etwaige Fehler oder Äußerungen.

Gedruckt auf säurefreiem und chlorfrei gebleichtem Papier

Springer Fachmedien Wiesbaden ist Teil der Fachverlagsgruppe Springer Science+Business Media
(www.springer.com)

Vorwort

Die vorliegende Arbeit entstand während meiner Tätigkeit als wissenschaftlicher Mitarbeiter am Forschungsinstitut für Kraftfahrwesen und Fahrzeugmotoren Stuttgart (FKFS). Grundlage war das Forschungsvorhaben „Reifenentwicklung unter aerodynamischen Aspekten" der Forschungsvereinigung Automobiltechnik (FAT).

Mein besonderer Dank gilt Herrn Prof. Dr.-Ing. Jochen Wiedemann für das große Interesse an der Arbeit, das mir entgegengebrachte Vertrauen und die ständige Diskussionsbereitschaft, sowie für die Übernahme des Hauptberichts. Prof. Dr.-Ing. Böttinger danke ich für die Übernahme des Mitberichts.

Bei Herrn Nils Widdecke und Herrn Dr. Timo Kuthada möchte ich mich herzlich für die gute Zusammenarbeit und die stetige Diskussionsbereitschaft bedanken.

Mein Dank gilt auch den Obmännern des FAT-Arbeitskreises Aerodynamik Herrn Norbert Lindener und Herrn Michael Pfadenhauer, sowie allen Mitgliedern des Arbeitskreises für das Zustandekommen des Projekts und die stets sehr gute Zusammenarbeit, die Zurverfügungstellung von Messfahrzeugen, Reifen und Felgen sowie die Ermöglichung der Messungen in den Windkanälen von Audi und BMW.

Auch bei Herrn Armin Kistner und Herr Bruno Guimard von Michelin möchte ich mich für die gute Zusammenarbeit und den Entwurf, die Fertigung und das Bereitstellen der vielen unterschiedlichen Teststreifen bedanken.

Weiterhin möchte ich mich bei allen Mitarbeitern des IVK / FKFS bedanken, die zum Gelingen dieser Arbeit beigetragen haben. Insbesondere bedanke ich mich bei den Kollegen aus den Bereichen Fahrzeugaerodynamik und Windkanalbetrieb für die gute Zusammenarbeit und Hilfsbereitschaft auch bei Messungen, die oft nachts und am Wochenende stattgefunden haben.

Felix Wittmeier

Inhalt

Vorwort V

Formelzeichen XI

Abkürzungsverzeichnis XIII

Kurzfassung XV

Abstract XIX

1   Einleitung 1

2   Stand der Technik 3
  2.1 Aufbau eines Pkw-Reifens 3
  2.2 Reifengröße und Toleranzen 4
  2.3 Entwicklungsziele am Reifen 7
  2.4 Die Umströmung drehender Räder 8
      2.4.1 Untersuchungen am isolierten Einzelrad 9
      2.4.2 Der Einfluss drehender Räder am Fahrzeug 11
      2.4.3 Darstellung der Raddrehung und Bodensimulation im Windkanal 14
  2.5 Einfluss verschiedener Reifen auf die Aerodynamik ... 14
      2.5.1 Aerodynamikkonzepte verschiedener Reifenhersteller ... 18

3   Entwicklungswerkzeuge 23
  3.1 Windkanäle und Prüfstände 23
      3.1.1 Der 1:1 Aeroakustik-Fahrzeugwindkanal (FWK) der Universität Stuttgart 24
      3.1.2 Der 1:1 Audi-Aeroakustik-Windkanal 25
      3.1.3 Der 1:1 BMW-Windkanal 26

      3.1.4 Der 1:4 / 1:5 Modellwindkanal (MWK) der Universität
             Stuttgart 27
      3.1.5 Der IVK-Reifenprüfstand 28
  3.2 Numerische Strömungssimulation 29
      3.2.1 EXA PowerFLOW und die Lattice-Boltzmann-Methode 30
      3.2.2 Darstellung der Raddrehung in CFD 32

4 Einfluss der Reifenparameter auf den Luftwiderstand eines Fahrzeugs 35

  4.1 Einfluss „äußerer" Parameter auf die Aerodynamik des Reifens 35
      4.1.1 Reifeninnendruck und Radlast 35
      4.1.2 Fahrgeschwindigkeit 39
      4.1.3 Reifentemperatur 42
      4.1.4 Schlussfolgerungen 44
  4.2 Fahrzeugeinfluss 44
      4.2.1 Benchmark 45
      4.2.2 Einfluss verschiedener Fahrzeugkonfigurationen 49
      4.2.3 Einfluss der Vorder- und Hinterräder eines Fahrzeugs 51
      4.2.4 Einfluss der Fahrgeschwindigkeit 52
      4.2.5 Schlussfolgerungen 54
  4.3 Windkanaleinfluss 54
  4.4 Geometrische Parameter am Reifen 56
      4.4.1 Referenzreifen 57
      4.4.2 Reifenschulter 57
      4.4.3 Reifenbreite 62
      4.4.4 Bauchigkeit der Seitenwand 65
      4.4.5 Reifenbeschriftung 67
      4.4.6 Reifenprofil 71
      4.4.7 Felgenschutzkanten 73

5 Ergebnisse der Reifenoptimierung 75

  5.1 Empfehlungen aus Kapitel 4 75
  5.2 Der optimierte Reifen unter Berücksichtigung der übrigen
      Reifeneigenschaften 77
      5.2.1 Beeinflussung weiterer Reifeneigenschaften durch
             Modifikationen am Reifen 77
      5.2.2 Die Gestaltung des optimierten Reifens 79
  5.3 Ergebnisse: Die aerodynamischen Eigenschaften des optimierten
      Reifens 81

5.4 Schlussfolgerungen 84

6 Übertragbarkeit der Ergebnisse in den Modellmaßstab ... 85
6.1 Modellaufbau 85
    6.1.1 Fahrzeug 85
    6.1.2 Reifen und Felgen 86
6.2 Validierungsergebnisse 87
6.3 Entwicklung eines Reifens mit austauschbarer Schulter 90

7 Schlussfolgerungen 93

8 Anhang 97
8.1 Literaturverzeichnis 97
8.2 Übersicht über die verwendeten Messfahrzeuge 104
8.3 Übersicht über die eingesetzten Felgen 108

Formelzeichen

A	Felgenbreite	m
A_x	Stirnfläche	m²
A_k	Kontaktfläche des Reifens mit dem Boden	m²
c_A	Auftriebsbeiwert	-
c_{AV}	Auftriebsbeiwert der Vorderachse	-
c_{AH}	Auftriebsbeiwert der Hinterachse	-
c_p	Druckbeiwert	-
c_w	Luftwiderstandsbeiwert	-
d	Felgen-Nenndurchmesser	m
F	Kraft	N
F_z	Radlast	N
H	Reifen-Querschnittshöhe	m
k_S	Strukturanteil eines Reifens	N
m	Masse	kg
p_i	Reifeninnendruck	Pa
r	Radius	m
S	Reifen-Querschnittsbreite	m
α	Austrittswinkel der Strömung aus dem Motorraum	°
ω	Winkelgeschwindigkeit	rad/s

Abkürzungsverzeichnis

BGK	Bhatnagar, Gross und Krook
CAD	Computational Aided Design
CFD	Computational Fluid Dynamics
DNW	Deutsch Niederländische Windkanäle
ESP	Elektronisches Stabilitätsprogramm
FAT	Forschungsvereinigung Automobiltechnik
FKFS	Forschungsinstitut für Kraftfahrwesen und Fahrzeugmotoren Stuttgart
FWK	IVK 1:1 Aeroakustik-Fahrzeugwindkanal
HS	High Speed – Hochgeschwindigkeitsfestigkeit eines Reifens
IAA	Internationale Automobilausstellung in Frankfurt
IVK	Institut für Verbrennungsmotoren und Kraftfahrwesen der Universität Stuttgart
MRF	Multiple Reference Frame
MRS	Moore, Rott und Sears
MWK	IVK 1:4 / 1:5 Fahrzeug-Modellwindkanal
NEFZ	Neuer Europäischer Fahrzyklus
Pkw	Personenkraftwagen
RR	Rolling resistance – Rollwiderstand
WRU	Wheel Rotation Unit

Kurzfassung

Obwohl der große Anteil der Reifen und Räder am Luftwiderstand eines Fahrzeugs in der Aerodynamikforschung bereits sehr früh bekannt war, wurde die Optimierung der Räder lange Zeit nur wenig beachtet. Erst mit der Einführung der Bodensimulation in den Automobilwindkanälen traten die Effekte der Raddrehung und deren Auswirkung auf den Luftwiderstand des Fahrzeugs stärker in den Vordergrund der Entwicklung.

Auch wenn manche Felgen nun nach aerodynamischen Gesichtspunkten gestaltet und die Radspoiler speziell auf das sich drehende Rad ausgerichtet wurden, blieb der Reifen als fest vorgegebenes Teil am Fahrzeug vom Aerodynamiker noch immer weitgehend unbeachtet.

Dass die Form des Reifens durchaus einen Einfluss auf die Aerodynamik eines Fahrzeugs haben kann, zeigten erst in jüngerer Vergangenheit von Automobilherstellern durchgeführte Untersuchungen, bei denen – oft auch zufällig – verschiedene Reifen in gleicher Größe an einem Fahrzeug gemessen wurden, und dabei die sich teilweise deutlich voneinander unterscheidenden Ergebnisse auffielen.

Im Rahmen dieser Arbeit wurden die Einflüsse verschiedener geometrischer Reifenparameter auf den Luftwiderstand nun erstmals im Detail untersucht. Dabei stand vor allem die isolierte Betrachtung der Wirkungsweisen einzelner Parameter im Vordergrund, um so gezielt Aussagen über deren Einfluss auf den Luftwiderstand des Fahrzeugs treffen zu können. Die Untersuchungen konzentrierten sich dabei vorrangig auf eine Reifengröße (205/55 R16), die zurzeit zu den meistverkauften Größen in Europa zählt.

Durch die Messung verschiedener Reifen an unterschiedlichen Fahrzeugen konnte zunächst gezeigt werden, dass sich die aerodynamischen Eigenschaften eines Reifens weitestgehend unabhängig vom Fahrzeug darstellen. Dies bildete eine der Grundlagen für das weitere Vorgehen, da so die weiteren Untersuchungen größtenteils auf ein Fahrzeug beschränkt werden konnten. Außerdem ermöglicht es den Entwurf eines aerodynamisch optimierten Reifens, der unabhängig vom Fahrzeug zu einer Verbesserung des Luftwiderstands beiträgt.

Die Ergebnisse der Parameteruntersuchungen am Reifen zeigten, dass vor allem die äußere Reifenschulter an der Vorderachse einen großen Einfluss auf die aerodynamischen Eigenschaften des Reifens hat. Vorrangiges Ziel ist es daher, die Strömung ablösefrei um die Schulter zu lenken, um so die Strömungsverluste am Reifen zu minimieren. Auch eine hervorstehende Beschriftung auf der Seitenwand kann zur Strömungsablösung führen und so die aerodynamischen Eigenschaften des Reifens negativ beeinflussen.

Ein weiterer wichtiger Parameter ist die Breite des Reifens. So hat ein breiterer Reifen nicht nur eine größere Stirnfläche zur Folge, sondern führt zusätzlich auch zu einer weiteren Luftwiderstandserhöhung. Insgesamt konnte eine durchschnittliche Zunahme im Luftwiderstandsbeiwert von $\Delta c_W \approx 0{,}006$ pro 10 mm Reifenbreitenerhöhung ermittelt werden wobei die Sirnflächenänderung durch den Reifen hier vernachlässigt wird. Das heißt die gesamte Änderung der Luftwiderstandskraft wird hier aus Gründen der Anschaulichkeit dem c_W-Wert „zugeschlagen".

Die abnehmende Reifenbreite bei zunehmender Drehgeschwindigkeit der Räder trägt – neben weiteren Einflussfaktoren – dazu bei, dass der Luftwiderstand des Fahrzeugs bei höherer Geschwindigkeit häufig abfällt. Die Abnahme der Reifenbreite kann bei Geschwindigkeiten von 250 km/h gegenüber der Ausgangsbreite im Stand bis zu 20 mm betragen.

Basierend auf den Erkenntnissen der Parameterstudie können verschiedene Empfehlungen für einen aerodynamisch optimierten Reifen gegeben werden. Diese beinhalten vor allem eine gerundete Reifenschulter, die ohne scharfkantige Designmerkmale ausgeführt sein sollte, eine nicht über die Seitenwand überstehende Beschriftung sowie die Ausnutzung der Reifentoleranzen, um eine möglichst geringe Reifenbreite zu erzielen. Werden diese Empfehlungen konsequent umgesetzt, lässt sich der Luftwiderstand eines Fahrzeugs mit optimierten Reifen im Vergleich zu heutigen Serienreifen um bis zu $\Delta c_W \approx 0{,}010$ reduzieren. Dabei muss allerdings beachtet werden, dass auch andere Reifeneigenschaften, wie zum Beispiel der Rollwiderstand, bei der Optimierung beeinflusst werden können.

Ein Reifen, der auf diesen Empfehlungen basiert, wurde von Michelin speziell angefertigt und im Windkanal untersucht. Verglichen mit dem aerodynamisch besten Serienreifen aus dem Testfeld führt der optimierte Reifen zu einer Reduktion des Luftwiderstands um $\Delta c_W \approx 0{,}005$, ohne dass andere Reifeneigenschaften negativ beeinflusst werden. Dies konnte sichergestellt werden, indem die Grundform des Reifens sowie das Material des zugrundeliegenden Serienreifens beibehalten wurden. Die mögliche Änderung in der Reifebreite als weiterer Faktor zur Widerstandsreduzierung wurde damit nicht ausgenutzt.

Im letzten Schritt wurde untersucht, ob sich die aerodynamischen Eigenschaften des Reifens auch im Modellmaßstab darstellen lassen, ohne dass hierbei die Deformation des drehenden Reifens berücksichtigt werden kann. Dazu wurden die Geometrien verschiedener Reifen digitalisiert und mittels Rapid Prototyping im Modellmaßstab gefertigt. Es konnte gezeigt werden, dass sich die aerodynamischen Eigenschaften der Originalreifen mit diesen Modellen darstellen lassen, so dass die Beurteilung der aerodynamischen Performance des Reifens auch im Modellmaßstab möglich ist, was zu einer Zeit- und Kostenersparnis in der Entwicklung führen kann. Weiterhin wurde ein Verfahren entwickelt, mit dem unterschiedliche Schulterformen auf einfache Weise im Modellwindkanal bewertet werden können. Dazu wurde ein Reifengrundkörper konstruiert, auf dessen Außenseite auswechselbare Reifenschultern aufgesetzt werden können. Dies reduziert nicht nur den Materialbedarf und damit die Kosten, sondern verringert auch die Messzeit im Windkanal und ermöglicht es damit, in der gleichen Zeit mehr Varianten zu untersuchen.

Abstract

Although it is known since the early days of aerodynamic research that a vehicle's wheel has a large influence on aerodynamic drag, the optimization of wheels and tires was neglected for a long time. Only since ground simulation was introduced in automotive wind tunnels, the effects of wheel rotation and their impact on drag came to the fore.

But still, the aerodynamic development was merely focused on topics such as optimizing the design of the rims and tire spoilers according to the effects of the rotating wheels. The tire was considered as a given part and in general, aerodynamicists were not interested in the details of its shape.

Only newer investigations conducted by vehicle manufacturers show that the shape of the tire can have a major influence on the aerodynamics of a vehicle. Before, investigating the difference between various tires was mostly not intended, but happened inadvertently as a vehicle was measured with two different sets of tires and the results did not match.

In the framework of this research, the influence of different geometric parameters of the tire was investigated in detail, focusing on the modes of action of each parameter separately. The results allow judging the effects of each parameter on the aerodynamic drag of a vehicle. This was done with the most common European tire size 205/55 R16.

Starting by measuring several tires on different vehicles, it can be shown that the aerodynamic characteristics of a tire are mostly independent of the vehicle. This result sets one of the foundations for this work, because it allows a general investigation of the tire's aerodynamic properties and also reduced the amount of measuring time.

The results of the parameter study show that the outside shoulder on the front axle has a huge influence on the aerodynamic characteristics of a tire. When designing a shoulder, the main goal is to guide the flow around it without causing any separation and thus minimizing the losses at the tire. Also, the labeling on the tire can lead to flow separation, as it is often raised from the tire's sidewall.

Another important parameter is tire width. Not only is the frontal area of a wider tire larger but also the drag coefficient increases due to a change in the flow field. Based on a fixed frontal area, results show that the drag coefficient increases about $\Delta c_D \approx 0.006$ for each 10 mm increase in tire width. The influence due to the change in frontal area is thereby only around 15%.

The influence of tire width on aerodynamic drag can also be seen when looking at Reynolds-run measurements. The tire width decreases as the rotational speed increases, which can lead to a difference in tire width of up to 20 mm at a speed of 250 km/h. Therefore, tire width is one factor to consider when measuring a decrease in drag at high velocity with rotating wheels.

Based on the results of the parameter study, various suggestions can be given for an aerodynamically optimized tire. Especially a round shoulder shape without any sharply edged design features, a smooth labeling on the sidewall and the use of legal tolerances to achieve a minimal tire width can help to decrease aerodynamic drag.

An optimized tire based on these suggestions was designed and built by Michelin to be investigated in the wind tunnel. When compared with the best production tires tested, the aerodynamically optimized tire resulted in a decrease in drag of $\Delta c_D \approx 0.005$ without affecting tire performance. This was ensured by keeping the basic shape and material of the production tire, which also means that the potential of tire width is omitted.

In the final phase, it was investigated whether the aerodynamic properties of a tire can also be tested in model scale, even though consideration of the tire's deformation is not possible due to technical limitations. Therefore, different full scale tires were digitized and manufactured in quarter scale using rapid prototyping technology. Measurements in the model scale tunnel show that the aerodynamic properties of the scaled tires match the ones of the full scale tires.

Furthermore a method for a simple investigation of various shoulder geometries in the model scale wind tunnel was developed. It is based on a tire base body where different tire shoulders can be mounted on the outside. This not only reduces material requirements and therefore model build costs, but also reduces measurement time in the model scale tunnel and enables the aerodynamicist to consider a wide variety of shoulder geometries.

1 Einleitung

Die aerodynamische Optimierung eines Fahrzeugs ist in der heutigen Zeit zu einem unverzichtbaren und wichtigen Teil der Fahrzeugentwicklung geworden. Dies wird unter anderem auch dadurch deutlich, dass in den letzten fünf Jahren mehrere neue Windkanäle bei großen deutschen Automobilherstellern in Betrieb genommen wurden oder sich zurzeit im Bau befinden [12, 21, 60].

Eine optimierte Aerodynamik trägt dazu bei, den Kraftstoffverbrauch und damit die Emissionen eines Fahrzeugs zu reduzieren, was vor allem in Zeiten hoher Kraftstoffpreise und immer strenger werdender gesetzlicher Emissionsgrenzwerte an Bedeutung gewinnt. Verbesserungen im Luftwiderstand sind häufig sogar möglich, ohne dass dafür im Fahrzeug teure zusätzliche Techniken oder Materialien verbaut werden müssen, wie dies beispielsweise im Leichtbau häufig der Fall ist.

Vor allem auch im Hinblick auf die Elektromobilität ist ein möglichst niedriger Luftwiderstand ein wichtiges Entwicklungsziel. Die zur Überwindung des Luftwiderstands aufgewandte Energie kann nicht wieder rekuperiert werden, wie dies zum Beispiel bei der Überwindung der Trägheit, die aufgrund der Fahrzeugmasse entsteht, der Fall ist und sich der Luftwiderstand damit direkt auf die erzielte Reichweite auswirkt [86].

Nachdem Ende des letzten Jahrtausends in den ersten Fahrzeugwindkanälen Systeme zur Simulation der bewegten Fahrbahn und der Raddrehung eingesetzt wurden [81, 88], rückte der Fokus der Entwicklung stärker auf den Unterboden des Fahrzeugs und die Räder. Bereits früh war bekannt, dass die Räder im Radhaus eines Fahrzeugs mit bis zu 25% zu dessen Luftwiderstand betragen können [82]. Dabei ist dieser Einfluss typischerweise umso größer, je strömungsgünstiger das Gesamtfahrzeug gestaltet ist, da das Rad an sich mit seiner zylindrischen Form aerodynamisch einen stumpfen Körper bildet, dessen aerodynamische Eigenschaften nicht optimal sind [23].

Während bisher jedoch vorrangig versucht wurde, mit speziell abgestimmten Radspoilern [26] und optimierten Felgen [77] den Einfluss der Räder auf den Luftwiderstand zu minimieren, steht im Rahmen dieser Arbeit speziell die Form der Reifen im Fokus. Dabei kann diese aus naheliegenden Gründen natürlich nicht grundsätzlich verändert werden, jedoch können bereits kleine Änderungen am Reifen zu deutlichen Unterschieden im Luftwiderstand führen [90].

Das Ziel dieser Arbeit ist es, Auslegungskriterien für Pkw-Reifen zu definieren, die es ermöglichen, einen Pkw-Reifen zu entwickeln, der im Vergleich zu heutigen Serienreifen am Fahrzeug einen deutlich reduzierten Luftwiderstand aufweist. Dabei ist es wichtig, dass die übrigen Reifeneigenschaften wie

Rollwiderstand, Tragfähigkeit, Schnelllaufeigenschaften etc. durch die aerodynamische Optimierung nicht negativ beeinflusst werden.

Im Rahmen dieser Arbeit wurde deshalb der aerodynamische Einfluss einzelner geometrischer Parameter am Reifen systematisch untersucht und darauf aufbauend eine Empfehlung abgegeben, wie ein Reifen zu gestalten ist, der möglichst strömungsgünstige Eigenschaften aufweist.

2 Stand der Technik

Luftgefüllte Gummireifen entwickelten sich bereits kurz nach ihrer Markteinführung gegen Ende des 19. Jahrhunderts durch ihre Vorteile im Komfort, der Haftung und in ihren Fahreigenschaften zum allgemeinen Standard für Automobile [43]. Seit dieser Zeit wurde der Reifen, wie auch das Kraftfahrzeug, beständig weiterentwickelt und an die Bedürfnisse der Kunden angepasst. Beispiele dafür sind die im Durchschnitt stetig wachsende Reifenbreite, das sinkende Querschnittsverhältnis sowie das veränderte Profil, wie es in **Bild 2.1** dargestellt ist.

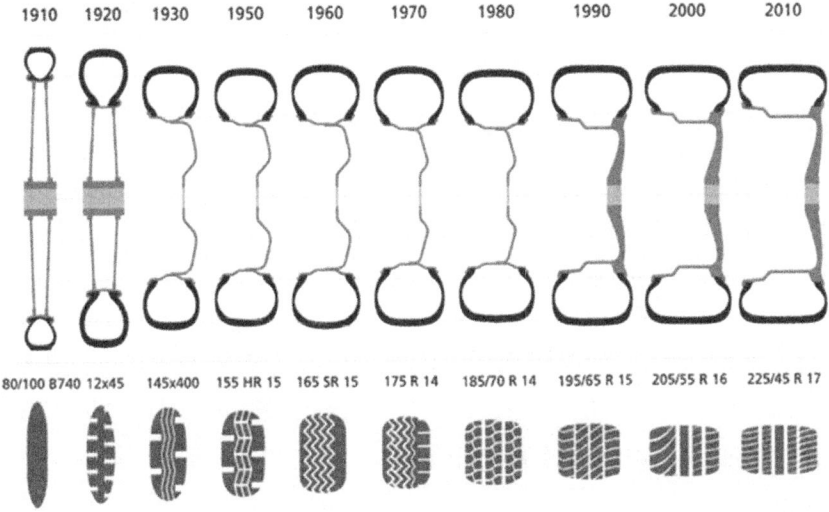

Bild 2.1: **Durchschnittliche Entwicklung der Reifendimensionen und des Reifenprofils in den letzten 100 Jahren [8, 71].**

2.1 Aufbau eines Pkw-Reifens

Moderne Pkw-Reifen werden fast ausschließlich in Radialbauweise gefertigt. Der prinzipielle Aufbau eines Radialreifens ist in **Bild 2.2** dargestellt. Über einer luftdichten Innenschicht aus Gummi liegen die Karkasse sowie der Gürtel des Reifens, die das tragende Gerüst des Reifens bilden. Darüber wird eine weitere Gummischicht für das Seitengummi sowie die Lauffläche platziert. Die Zusammensetzung der Laufflächen-Gummischicht hat dabei große Auswirkungen auf die Eigenschaften des Reifens, wie zum Beispiel den Rollwiderstand oder die Haftung [43, 44].

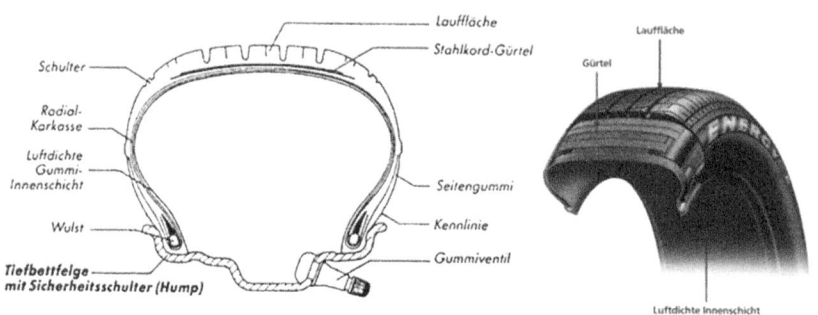

Bild 2.2: Aufbau eines Pkw-Radialreifens [44, 85].

Die Profilierung der Lauffläche und die Beschriftung der Seitenwand entstehen erst beim sogenannten „Backen" des Reifens. In diesem letzten Schritt der Reifenproduktion wird der Reifenrohling dazu in einer Stahl-Backform unter Druck auf bis zu 200°C erhitzt, was die einzelnen Rohbestandteile des Reifens unlösbar miteinander verbindet (Vulkanisation). Die Backform enthält eine Negativform der gewünschten Profilierung und der Seitenwand, die sich auf das Gummi überträgt.

2.2 Reifengröße und Toleranzen

Die Form eines Reifens lässt sich vereinfacht als Torus beschreiben, dessen Größe über drei Maße definiert ist: die Querschnittsbreite (S) – gemessen ohne Beschriftung, Scheuerleisten oder Ähnliches –, die Querschnittshöhe (H) und Nenndurchmesser der Felge (d). In **Bild 2.3** sind unter anderem diese Größen dargestellt.

Üblicherweise wird die Höhe des Reifens jedoch nicht durch die Querschnittshöhe angegeben, sondern es wird das Höhen-Breiten-Verhältnis verwendet, das zusätzlich die Querschnittsform des Reifens charakterisiert. Unabhängig von der Reifengröße ist damit direkt ersichtlich, ob es sich eher um einen Ballon- oder eher um einen Niederquerschnittsreifen handelt.

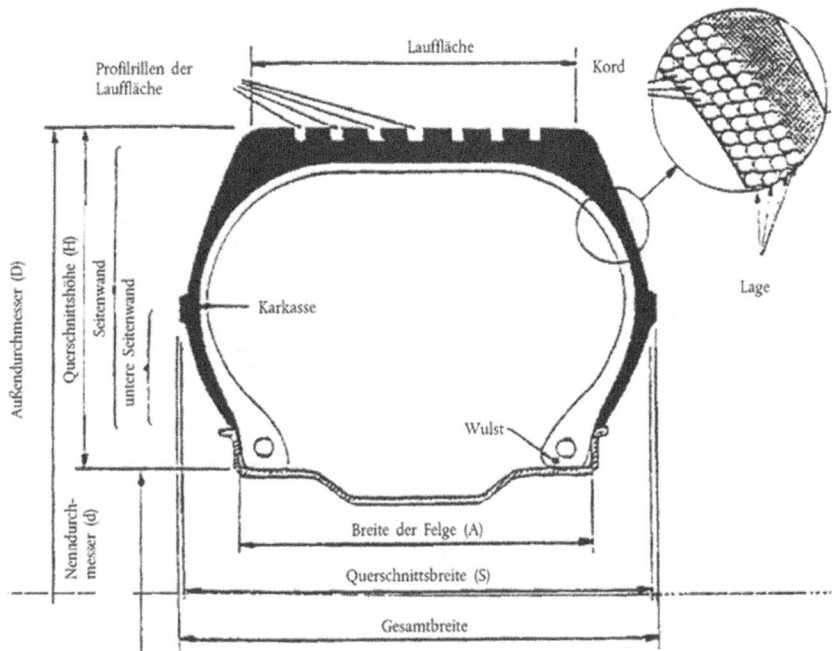

Bild 2.3: Erläuternde Abbildung Reifenmaße [13].

Die Reifengröße muss, neben anderen Angaben, auf der Reifenseitenwand dauerhaft angebracht sein [13]. Dafür wurde vom Gesetzgeber eine „technische Zone" als Kreisring am inneren Rand der Reifenseitenwand definiert, in der die vorgeschriebenen Daten aufgeführt sein müssen. Die Größe und Position der technischen Zone ist in **Bild 2.4** gelb eingefärbt. Für die Angabe der Querschnittsbreite und des Höhen-Breiten-Verhältnisses werden dabei festgelegte Schrittweiten verwendet (10 mm bzw. 5%). Oberhalb der technischen Zone liegt der Bereich der „kommerziellen Zone", der vom Reifenhersteller frei gestaltet werden kann. Neben der Marke und dem Reifentyp wird hier häufig die Reifengröße nochmals in großer Schriftgröße angebracht. Weitere Details zur Reifenbeschriftung sind beispielsweise in [3] oder [1] zu finden.

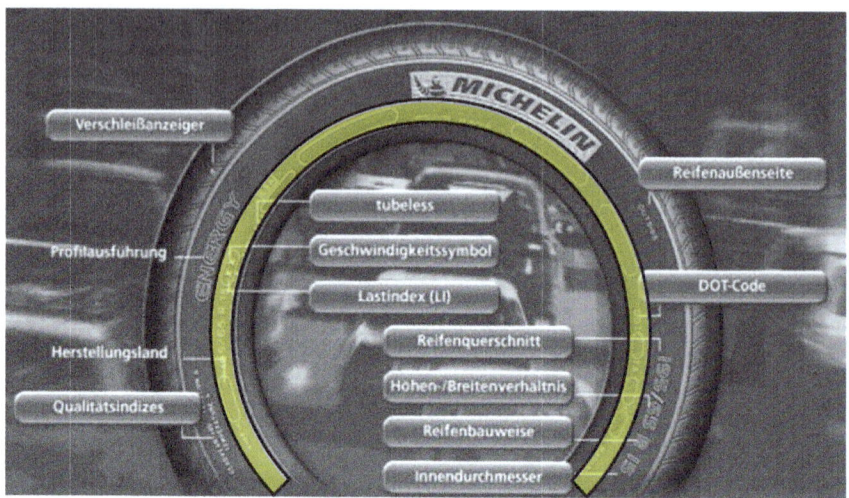

Bild 2.4: Gesetzlich vorgeschriebene Merkmale eines Pkw-Reifens [36].

Abhängig von der Reifengröße sind für die Abmaße des Reifens unterschiedlich große Toleranzfelder vorgeschrieben, die in den ETRTO-Normen definiert sind [15]. Diese Toleranzfelder sind dabei jedoch recht weit gefasst und so kann es vorkommen, dass derselbe Reifen in zwei verschiedenen Reifengrößen verkauft werden könnte (vgl. **Bild 2.5**).

Für einen Reifen der Größe 205/55 R16 schreibt die ETRTO-Norm eine Breite zwischen 205 mm und 223 mm und einen Durchmesser von 626 mm bis 642 mm vor. Verschiedene Fahrzeughersteller schränken diese Toleranzen bei ihren Erstausrüsterreifen deutlich ein, wobei die Einschränkungen meist im oberen Bereich der Norm angesiedelt sind. Dies vereinfacht zum einen den Einsatz von Systemen, die raddrehzahlabhängige Größen verwenden (ESP, Tachometer), zum anderen muss in Bezug auf die Freigängigkeit des Reifens kein zusätzlicher Raum vorgehalten werden, was aus Designgründen sonst häufig kritisiert wird [36]. Nach Herstellervorgaben gefertigte Reifen werden zudem im Aftermarket an den Kunden verkauft. Diese Reifen sind speziell gekennzeichnet, zum Beispiel durch einen Stern für Reifen, die nach BMW-Vorgaben gefertigt wurden oder durch die Bezeichnung MO, die für „Mercedes Original" steht. Für den Kunden ist diese Zuordnung jedoch nicht bindend, da beispielsweise ein MO-Reifen auch auf jedem anderen Fahrzeug montiert werden kann.

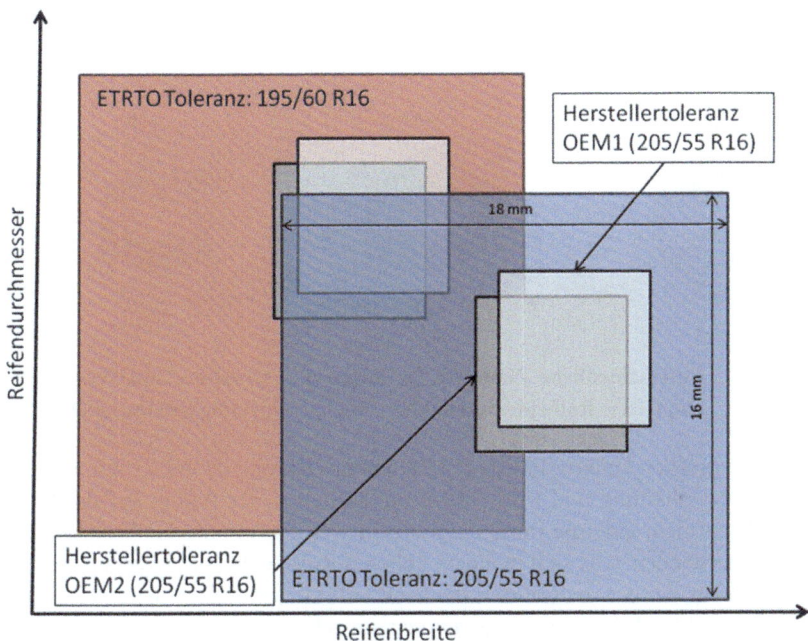

Bild 2.5: Reifentoleranzen nach ETRTO-Standard [15] und deren Einschränkung durch unterschiedliche Automobilhersteller.

Dass die Reifentoleranzen auch einen großen Einfluss auf die aerodynamischen Eigenschaften eines Reifens haben können, wird in den folgenden Kapiteln noch detailliert dargestellt.

2.3 Entwicklungsziele am Reifen

Bei der Entwicklung eines Reifens müssen verschiedene Eigenschaften berücksichtigt werden. Dabei sind viele der Eigenschaften voneinander abhängig und es ergeben sich Zielkonflikte bei der Auslegung der Reifen. Bei der Gestaltung müssen daher immer wieder Kompromisse eingegangen werden, die sich je nach Einsatzgebiet des Reifens unterscheiden. In **Bild 2.6** sind typische Zielwerte für Sommer-, Allwetter- und Winterreifen verschiedener Kategorien dargestellt. Dies entspricht jedoch lediglich einer sehr kleinen Auswahl an Entwicklungskriterien. Bei der Entwicklung eines Reifens werden häufig mehr als 50 verschiedene Kriterien herangezogen, die einen Reifen charakterisieren.

Dementsprechend ist die richtige Abstimmung zwischen diesen Kriterien für einen bestimmten Reifen auch mit großem Aufwand verbunden.

Bild 2.6: Unterschiedliche Zielwerte für Sommer-, Allwetter- und Winterreifen [36] (RR = Rollwiderstand, HS = Hochgeschwindigkeitsfestigkeit).

Ein typischer Zielkonflikt in der Reifenentwicklung ist der Zusammenhang zwischen Nasshaftung und Rollwiderstand. Je besser der Reifen auf der Straße haftet, desto mehr Energie muss aufgebracht werden, um die Haftung des Reifens zu überwinden, was sich in einem höheren Rollwiderstand widerspiegelt.

Auch für diese Arbeit dürfen die Zielkonflikte am Reifen nicht außer Acht gelassen werden. Wenn durch eine aerodynamische Optimierung des Reifens der Luftwiderstand reduziert wird und dabei aber beispielsweise der Rollwiderstand stark ansteigt, so führt der Einsatz dieses Reifens beim Kunden letztendlich trotz verbesserter Aerodynamik zu einem höheren Kraftstoffverbrauch. Aus diesem Grund werden am Ende der aerodynamischen Entwicklung in dieser Arbeit auch die nicht-aerodynamischen Eigenschaften des Reifens betrachtet.

2.4 Die Umströmung drehender Räder

In der Aerodynamikforschung war bereits früh bekannt, dass die Räder einen großen Anteil am Luftwiderstand des Fahrzeugs haben. Schon in der ersten Hälfte des 20. Jahrhunderts wurde daher versucht, den Einfluss der Räder – vor allem durch den Einsatz von Radhausverkleidungen – zu reduzieren [27, 30, 55]. Da der Einsatz dieser jedoch mit einigen Nachteilen verbunden ist (z.B. hohe Kosten und erhöhter Aufwand beim Reifenwechsel), wurden Radhausverkleidungen nur selten an Serienfahrzeugen eingesetzt und blieben häufig im Forschungsstadium.

2.4.1 Untersuchungen am isolierten Einzelrad

Die ersten Studien, die gezielt die Umströmung der Räder betrachteten, wurden Ende der 60er und in den 70er Jahren veröffentlicht [16, 17, 49, 75]. Diese Untersuchungen haben gemein, dass zunächst die Effekte freistehender Räder im Fokus standen. Weiterhin wurden für alle Untersuchungen zunächst Reifen aus dem Rennsport – vorwiegend aus der Formel 1 – eingesetzt.

Hierbei gelang es zum ersten Mal, die Unterschiede zwischen stehenden und drehenden Rädern darzustellen, wobei sich die Untersuchungen aufgrund der noch begrenzten technischen Möglichkeiten vor allem auf den 2D-Mittelschnitt des Rades konzentrierten. Das Rad wurde dabei entweder mit geringem Abstand zum stehenden Boden rotiert oder aber auch bereits durch ein Laufband angetrieben.

Vor allem Fackrell und Harvey konnten mit ihren Untersuchungen [17] zeigen, dass durch die Rotation des Rades dessen Umströmung stark beeinflusst wird. Der Ablösepunkt der Strömung wird durch die Rotation des Reifens stromaufwärts, also nach vorne verschoben, da sich die Radoberfläche in der oberen Hälfte entgegen der Hauptströmungsrichtung bewegt und dabei Luft nach vorne fördert. Der Ablösepunkt auf der Oberfläche verschwindet und es bildet sich ein freier Staupunkt oberhalb der Reifenoberfläche. Moore [48], Rott [62] und Sears [72] beschrieben dieses Phänomen unabhängig voneinander zum ersten Mal, weshalb dies als MRS-Singularität bezeichnet wird. Durch die Drehung wandert der Staupunkt abhängig von der Raddrehzahl nach unten in Richtung Boden.

Ein weiteres, von Fackrell und Harvey entdecktes Phänomen, das durch die Rotation des Rades hervorgerufen wird, ist das sogenannte „Jetting" [17]. Durch die in Hauptströmungsrichtung gerichtete Bewegung der unteren Radhälfte trifft die Luft, die von der Lauffläche mitgenommen wird, auf die Luft, die vom Laufband auf dem Boden mitbewegt wird. Dies führt zu einem starken Anstieg des Drucks vor dem Kontaktpunkt zwischen Reifen und Boden, wobei der Druckbeiwert auf bis zu $c_P = 2$ ansteigt. Die Luft muss schlagartig ausweichen und wird zu beiden Seiten des Reifens herausgepresst.

Hinsichtlich der aerodynamischen Beiwerte unterscheiden sich die Ergebnisse der verschiedenen Studien aus den 70er Jahren zum Teil deutlich, da zum einen unterschiedliche Räder verwendet wurden, und zum anderen auch die Rahmenbedingungen verschieden waren. So wurden beispielsweise die Räder zum Teil mit einem Luftspalt über stehendem Boden gedreht, teilweise hatten sie durch den Einsatz eines Laufbands Bodenkontakt. Zudem fanden die Untersuchungen jeweils bei unterschiedlichen Reynoldszahlen statt. Alle Studien konnten jedoch bereits zeigen, dass durch die Rotation sowohl der Luftwiderstand, als auch der Auftrieb des Rades gesenkt wird.

1983 untersuchte Cogotti [10] an einem vereinfachten Pkw-Rad der Größe 145 SR 10 den Einfluss des drehenden Rades über stehendem Boden bei variablem Bodenabstand. Er konnte zeigen, dass die Umströmung des Rades sowie die aerodynamischen Beiwerte stark beeinflusst werden, sobald zwischen Boden und Rad auch nur ein geringer Spalt vorhanden ist. Cogotti folgerte daraus, dass die Untersuchung drehender Räder nur sinnvoll ist, wenn die Strömung zwischen Rad und Boden unterbunden wird. Ein Laufband zum Antrieb der Räder stand ihm zu dieser Zeit jedoch nicht zur Verfügung.

Cogotti konnte weiterhin bereits zeigen, dass der Widerstand des stehenden Rades stark ansteigt, wenn es nicht direkt von vorne, sondern unter einem Winkel angeströmt wird. Eine Untersuchung der Schräganströmung bei drehendem Rad war für ihn jedoch nicht möglich, da durch den gewählten Versuchsaufbau des drehenden Rades bereits bei gerader Anströmung Interferenzen zwischen Antriebsmotor und Rad auftraten, die den Anströmwinkel des Rades beeinflussten.

In umfangreichen experimentellen Untersuchungen betrachtete Schiefer [66] das freistehende Rad im Windkanal. Er verglich dabei unter anderem das stehende Rad, das drehende Rad über stehendem Boden, wie es unter anderem Cogotti [10] verwendet hatte, und das drehende Rad bei bewegtem Boden miteinander. Eine der Schlussfolgerungen seiner Arbeit lautet ebenfalls, dass die Strömung am Rad nur korrekt dargestellt werden kann, wenn das Rad auf einem Laufband abrollt und weitergehende Maßnahmen zur Eliminierung der Grenzschicht getroffen werden.

Mit fortschreitender Entwicklung wurde es möglich, das drehende Rad auch mit Hilfe der numerischen Strömungssimulation zu untersuchen. Damit wurde die Möglichkeit geschaffen, das Strömungsfeld um das Rad im Detail zu analysieren und die Wirkungsweise der Raddrehung besser zu verstehen. Einen wichtigen Beitrag dazu lieferte Wäschle [93] im Jahre 2006. Mit Hilfe der von ihm entwickelten und validierten Simulationsmethodik war es ihm möglich, die Strömungsstruktur am freistehenden Rad detailliert zu beschreiben. **Bild 2.7** zeigt dazu die Wirbelsysteme am stehenden und drehenden Rad.

Die Wäschles Ergebnisse zeigen, dass der Widerstand am freistehenden Rad vor allem durch den Radnachlauf-Hufeisenwirbel bestimmt wird (vgl. Bild 2.7, Nr.1). Durch die Raddrehung kommt es im Vergleich zum stehenden Rad zur Förderung energiereicher Luft in den Radnachlauf, was zu einem erhöhten Basisdruck und damit zu einem reduzierten Widerstand führt. Die Widerstandsreduktion infolge der Raddrehung wird von Wäschle mit circa 15% angegeben. Weiterhin wird auch der Auftrieb des Rades infolge der Rotation verringert.

Weitere Untersuchungen zum freistehenden Rad sind unter anderem in folgenden Veröffentlichungen zu finden: [2, 28, 38, 39, 52, 63, 68, 74, 92].

1 Radnachlauf-Hufeisenwirbel	1 Radnachlauf-Hufeisenwirbel
2 C-Schulter-Wirbel	2 geschlossener Nachlaufwirbel
3 Radlatsch-Wirbel	3 Radlatsch-Wirbel
4 Staupunkt-Hufeisenwirbel	

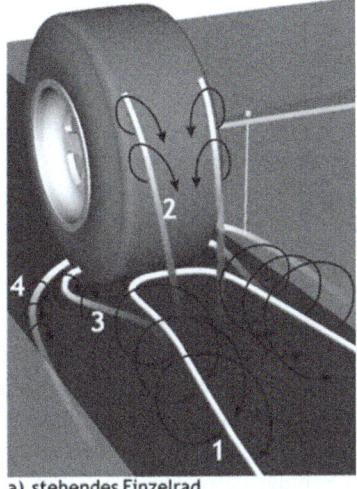
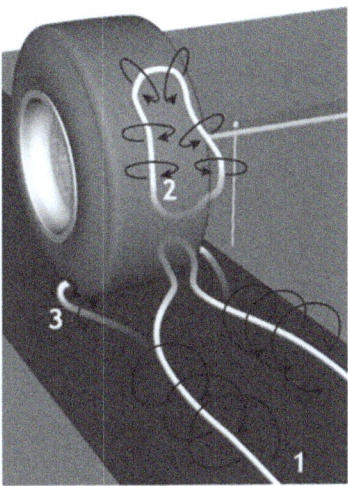

a) stehendes Einzelrad   b) drehendes Einzelrad

Bild 2.7: Wirbelsysteme am stehenden und drehenden Einzelrad [93].

2.4.2 Der Einfluss drehender Räder am Fahrzeug

Aufbauend auf die Untersuchungen am isolierten Einzelrad rückte in den 90er Jahren auch die Umströmung des drehenden Rades am Fahrzeug immer mehr in den Fokus der Forschung.

Wickern untersuchte 1991 den Einfluss drehender Räder an einem allradgetriebenen Fahrzeug, das über Stützen leicht vom Boden angehoben wurde [80]. Die Ergebnisse ließen bereits vermuten, dass vor allem die Rotation der Hinterräder eines Fahrzeugs einen großen Einfluss auf dessen Luftwiderstandsbeiwert hat.

1992 stellten Mercker und Berneburg [40], aufbauend auf den bis dahin veröffentlichten Ergebnissen, eine theoretische Beschreibung der dreidimensionalen Strömung um das drehende Einzelrad und das drehende Rad am Fahrzeug auf. Sie konnten dabei auch bereits auf erste Ergebnisse zugreifen, die sie an einem Fahrzeug im natürlichen Maßstab im DNW-Windkanal mit breitem Laufband erzielten [41, 42]. Hier wird zum ersten Mal der Einfluss der Reifenschulter als wichtiger Parameter für die Umströmung des Reifens genannt, wenn auch nur in einer theoretischen Betrachtung des freistehenden, symmetrisch angeströmten

Rades. Dabei wird zwischen Reifen mit scharfkantiger und gerundeter Schulter unterschieden: Die scharfkantige Schulter führt zu Strömungsablösungen und damit zu einem verbreiterten Nachlaufgebiet, während an der gerundeten Schulter die Strömung anliegen bleibt und das Nachlaufgebiet damit deutlich verkleinert wird.

Für die Beschreibung der Radumströmung am Fahrzeug nahmen Mercker und Berneburg weiterhin an, dass sich die Strömung am Fahrzeugrad in zwei Anteile aufteilen lässt. Der obere Teil des Rades, der innerhalb des Radhauses liegt, wird dabei hauptsächlich durch die im Radhaus vorherrschende Strömung beeinflusst, die sich bei stehendem und drehendem Rad nur geringfügig unterscheidet. Am unteren Teil hingegen kommt es zu deutlichen Unterschieden aufgrund der Raddrehung, die sich unter anderem auf das Jetting zurückführen lassen.

Ein weiteres wichtiges Ergebnis aus der Arbeit von Mercker und Berneburg ist der Einfluss der Schräganströmung auf die aerodynamischen Eigenschaften der drehenden Räder. Sie konnten feststellen, dass die aerodynamischen Beiwerte drehender Räder stark auf unterschiedliche Zuströmwinkel reagieren, was vor allem an den Vorderrädern von großer Bedeutung ist, da sich hier durch die Verdrängungswirkung des Fahrzeugs eine Schräganströmung der Räder ausbildet. Bereits von König-Fachsenfeld hatte sehr früh auf diese Schräganströmung hingewiesen [29], und sie konnte beispielsweise von Wickern et al. [82, 95] und von Wiedemann und Settgast [83] sowie von Wiedemann [87] messtechnisch nachgewiesen werden.

Wickern et al. konnten zeigen, dass der Widerstand des Rades umso mehr ansteigt, je größer der Anströmwinkel ist. Messungen an verschiedenen Fahrzeugen ergaben dabei einen konstanten Anströmwinkel von circa 15° an den Vorderrädern, während der Winkel an den Hinterrädern deutlich geringer ausfiel. Neuere Untersuchungen zeigten, dass Anströmwinkel von bis zu 30° möglich sind [24] und dieser vor allem von der Länge des Überhangs bestimmt wird. Der Widerstandsanstieg bei zunehmender Schräganströmung konnte von Pfadenhauer in [53] hauptsächlich auf die Ablösung der Strömung an der leeseitigen Schulter zurückgeführt werden, wie sie von Mercker und Berneburg bereits an der scharfkantigen Schulter beschrieben wurde. Pfadenhauer lieferte zusätzlich erstmals einen Hinweis darauf, dass bei Anströmwinkeln größer als 11 Grad eine „Widerstandsumkehr" erfolgt, d. h., ab dort ist der Widerstand des drehenden Rades nicht mehr kleiner sondern größer als der Widerstand des stehenden Rades.

Wiedemann konnte mit seinen Untersuchungen [87] zusätzlich zeigen, dass der Anströmwinkel der Vorderräder auch durch die Art der Kühlluftführung beeinflusst wird. So reduziert sich bei geschlossenen Kühlluftöffnungen der

Winkel an den Rädern. Die Räder können damit zu einem Teil des gemessenen Kühlluftwiderstands eines Fahrzeugs beitragen.

Durch Einsatz der numerischen Strömungssimulation konnte Wäschle [93] ein detailliertes Modell der Radumströmung aufstellen. Auch dabei ist der Einfluss der Schräganströmung der Reifen deutlich sichtbar. **Bild 2.8** fasst die Wirbelsysteme am stehenden und drehenden Fahrzeugrad zusammen.

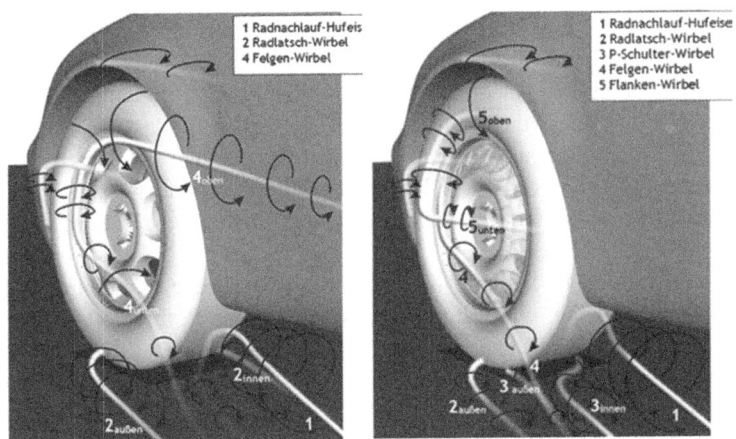

Bild 2.8: **Wirbelsysteme am Fahrzeugrad. Links: Stehendes Rad, rechts: Drehendes Rad [93].**

Entgegen der Annahmen von Mercker und Berneburg konnte Wäschle zeigen, dass sich am Vorderrad durch die Rotation nicht nur die Strömung im unteren, frei angeströmten Teil des Rades verändert, was vor allem der Schräganströmung der Räder geschuldet ist. An den Hinterrädern, die weitestgehend gerade angeströmt werden, ist der Nachlauf hingegen mit dem des freistehenden Rades vergleichbar.

Wäschle konnte zeigen, dass die Beeinflussung des Luftwiderstands eines Fahrzeugs durch die Raddrehung nicht nur durch einen veränderten Teilwiderstand der Räder hervorgerufen wird, sondern zu einem großen Teil durch einen veränderten Widerstand des Fahrzeugkörpers. Aufgrund der verkleinerten Nachläufe der Hinterräder kann beispielsweise ein Diffusor besser wirken, was zu einem verringerten Luftwiderstand des Fahrzeugs führt. Dies bedeutet weiterhin, dass eine Optimierungsmaßnahme, die bei stehenden Rädern entwickelt wurde, bei drehenden Rädern nicht zwangsläufig denselben Effekt zeigt und umgekehrt. Eine kritische Auseinandersetzung mit einigen dieser Maßnahmen wurde beispielsweise von Wiedemann und Settgast [83] veröffentlicht.

2.4.3 Darstellung der Raddrehung und Bodensimulation im Windkanal

Während in den 80er Jahren häufig noch die Meinung vertreten wurde, dass die Darstellung der Raddrehung im Windkanal nicht notwendig sei (siehe z.B. [11]), wurde es ab den 90er Jahren immer deutlicher, dass mittels der Windkanaluntersuchung stehender Räder die Fahrt auf der Straße nur mit unzureichender Genauigkeit darstellt werden kann. Daher wurden vor allem ab Mitte der 90er Jahre Systeme entwickelt, die es ermöglichen, die Straßenfahrt im Windkanal zu simulieren. Systeme mit einem breiten Laufband, wie sie zu dieser Zeit bereits bekannt waren, hatten den Nachteil, dass die Vorbereitung der Fahrzeuge sehr aufwändig war: Oft konnte das Band nicht mit der vollen Radlast belastet werden, so dass die Radaufhängung aufwändig präpariert werden musste. Dies führte zudem dazu, dass der Reifenlatsch nicht richtig ausgebildet wurde. Außerdem beeinflusste die Fahrzeugfixierung, die häufig über einen Stiel erfolgte, die Umströmung des Fahrzeugs [95].

Mit der Serienentwicklung des 5-Band-Systems, wie es bereits 1968 von Potthoff vorgeschlagen wurde [56, 24], konnten diese Probleme beseitigt werden. Dabei stehen die Räder auf vier kleinen Laufbändern, den sogenannten Radantriebseinheiten, zwischen denen ein breites Mittenlaufband liegt.

2000 ging mit dem Audi-Windkanal der erste 1:1-Windkanal eines Fahrzeugherstellers mit 5-Band-System in Betrieb [81], 2001 folgte das FKFS ebenfalls mit einem 5-Band-System [58]. Details zu diesen Windkanälen sind im nächsten Kapitel zu finden. Heute stellen die 5-Band-Systeme den Standard für die Bodensimulation in neu gebauten Windkanälen für Serien-Pkw dar [12, 21].

2.5 Einfluss verschiedener Reifen auf die Aerodynamik

Der Einfluss unterschiedlicher Reifen und Räder auf die Aerodynamik eines Fahrzeugs wurde für stehende Reifen bereits zu Beginn der 80er Jahre von Cogotti [10] untersucht, indem Reifen verschiedener Breiten miteinander verglichen wurden. Als Ergebnis konnte eine durchschnittliche Widerstandszunahme von $\Delta c_W \approx 0,002$ pro 10 mm zusätzlicher Reifenbreite ermittelt werden, wobei hier viele Einflussfaktoren nicht näher definiert wurden: Es wurden teilweise unterschiedliche Felgen verwendet und auch die Reifen sind von Cogotti nicht genauer spezifiziert.

Eine ähnliche Untersuchung wurde 1992 von Weidemann und Müller [79] veröffentlicht. Untersucht wurden Reifen in der Breite 205-255, wobei die tatsächliche Breite der Reifen und die Gestaltung der Felgen durch die Autoren nicht angegeben wurden. Auch hier wurden für stehende Räder Widerstandszunahmen von durchschnittlich $\Delta c_W \approx 0{,}002$ pro 10 mm Reifenbreite gemessen. Zusätzlich wurde das Fahrzeug auch mit drehenden Rädern über stehendem Boden untersucht. Hierbei reduzierte sich der Unterschied im Widerstand zwischen den verschiedenen Reifenbreiten deutlich, was aber auch als Folge der unzulänglichen Darstellung der Raddrehung gewertet werden kann.

Auch Mercker et al. [42] veröffentlichten 1991 Untersuchungen zum Einfluss der Reifenbreite bei drehenden, unbelasteten Rädern. Hierbei wurde die Reifenbreite von 165 mm bis 205 mm variiert, was eine Änderung im Luftwiderstand von $\Delta c_W = 0{,}009$ zur Folge hatte, was ebenfalls einer Zunahme von $\Delta c_W \approx 0{,}002$ pro 10 mm Reifenbreite entspricht. In einem weiteren Versuch wurden vier verschieden profilierte Reifen miteinander verglichen. Drei der Reifen wurden willkürlich ausgewählt, so dass hier auch Unterschiede in der Grundform der Reifen auftreten konnten. Als vierter Reifen kam ein nicht profilierter Slick zum Einsatz. Um einen Einfluss der Felge auszuschließen, waren die Reifen jeweils auf der gleichen Felge montiert. Bei den Messungen führte der Slick zum geringsten Luftwiderstand, welcher $\Delta c_W \approx 0{,}005$ niedriger lag als beim Reifen mit dem höchsten Luftwiderstand. Der Auftrieb verhielt sich dabei entgegengesetzt zum Luftwiderstand.

Ähnliche Untersuchungen wurden von Wickern et al. [82] 1997 veröffentlicht. Dabei wurde wiederum ein Slick mit einem profilierten Reifen verglichen. Durch den Vergleich einer Leichtmetallfelge mit einer glatt abgedeckten Felge wurde zusätzlich der Einfluss verschiedener Felgengestaltungen untersucht. Die Messungen zeigten, dass der Unterschied im Luftwiderstand zwischen Leichtmetallfelge und glatter Felge beim profilierten Reifen doppelt so groß war ($\Delta c_W = 0{,}014$) wie beim glatten Slick ($\Delta c_W = 0{,}007$). Weiterhin konnte festgestellt werden, dass bei der glatten Felge der profilierte Reifen zu einer Verringerung des Luftwiderstands um $\Delta c_W = 0{,}005$ gegenüber dem Slick führt, während sich bei der Leichtmetallfelge die Einflüsse des Profils genau entgegengesetzt darstellen und der Slick eine Verringerung um $\Delta c_W = 0{,}002$ aufwies. Auch hier sind jedoch die genauen Geometrien der Reifen nicht veröffentlicht, so dass neben der Profilierung möglicherweise auch andere geometrische Unterschiede zwischen den beiden Reifen einen Einfluss ausüben konnten.

Kerschbaum untersuchte 1991 in einer Studie Reifen in verschiedenen Größen an einem BMW 318i. Dabei wurden Reifen zwischen 155 R15 und 225 R15 betrachtet, und es konnte ein signifikanter Anstieg des Luftwiderstands mit zunehmender Reifenbreite gezeigt werden [24]. Da im Versuchsverlauf jedoch auch die Felgenbreite und der Felgentyp variiert werden mussten, ist eine Aussage über eine quantitative Abhängigkeit des Widerstands von der Reifenbreite nicht sinnvoll.

In einer CFD-Studie untersuchten Modlinger et al. [46, 47] im Jahr 2007 unter anderem den Einfluss verschiedener Reifenprofile auf den Luftwiderstand. Dabei wurde gezeigt, dass die Längsrillen eines Reifens den Luftwiderstand des untersuchten Fahrzeugs um 2% erhöhen. Dies wurde jedoch nicht näher untersucht, da für Modlinger der Reifen nicht im direkten Fokus seiner Untersuchungen stand.

2007 untersuchte Walker [78] die Fragestellung, welchen Einfluss die aus der Fahrgeschwindigkeit resultierende Deformation der Reifen auf die Aerodynamik eines Fahrzeugs hat. Grundlage hierfür waren Bilder des Reifens, die bei verschiedenen Fahrgeschwindigkeiten im Windkanal aufgenommen worden waren. Sie zeigten, dass der Radmittelpunkt mit steigender Geschwindigkeit nach oben wandert. Mlinaric [45] untersuchte in Zusammenarbeit mit Walker den Einfluss dieser Deformation in CFD. Als Grundlage wurde die Deformation eines Reifens im Windkanal vermessen. Hier konnte gezeigt werden, dass die Breite eines Reifens der Größe 225/55 R16 aufgrund der Drehgeschwindigkeit um bis zu 16 mm abnimmt, und der Radius des Reifens dabei um mehr als 8 mm zunimmt. Die Ergebnisse seiner CFD-Untersuchungen ließen Mlinaric jedoch schlussfolgern, dass die Reifendeformation bei der Betrachtung des Luftwiderstands unerheblich sei.

Veröffentlichungen von Landström et al. [34, 35] zeigen Unterschiede im Luftwiderstand von bis zu $\Delta c_W = 0,009$ zwischen zwei unterschiedlichen Reifen der Größe 215/55 R16 auf derselben Felge. Ein Teil dieses Deltas wurde auf die unterschiedliche absolute Reifenbreite zurückgeführt, die beim aerodynamisch vorteilhafteren Reifen um circa 5 mm kleiner war. Dies widerspricht den Ergebnissen Mlinarics. Die Reifen, die bei Landströms Untersuchungen eingesetzt wurden, unterschieden sich zusätzlich im Profil und auch in der Geometrie der Schulter, so dass die Unterschiede im Luftwiderstand nicht auf einen speziellen Parameter am Reifen zurückgeführt werden können. Dass der Unterschied zwischen den zwei analysierten Reifen der Größe 215/55 R16 fast doppelt so groß ist wie die von Mercker [42] bei anderen Reifen gemessene Differenz, führt Landström auf die Deformation der Seitenwand des Reifens und die Ausbildung eines wie auf der Straße aufgrund realistischer Radlasten auftretenden Radlatsches zurück.

Um den Ursprung der Unterschiede zwischen den Reifen genauer zu untersuchen, wurden von Landström die Reifen achsweise vertauscht. Neben den bereits erwähnten 16"-Reifen stand zusätzlich jeweils ein Satz 17"-Reifen zur Verfügung. Bei den 16"-Reifen zeigte sich, dass der Einfluss der Vorder- und Hinterräder auf den Luftwiderstand gleich war. Bei den 17" Rädern war nur ein sehr geringer Einfluss der Vorderräder messbar. Jedoch zeigten auch die Hinterräder einen geringeren Einfluss als bei den 16" Reifen. Hier könnten geometrische Unterschiede zwischen den einzelnen 16" und 17" Rädern vorgelegen haben, obwohl diese vom gleichen Typ waren. Dies wurde jedoch vom Autor nicht genauer betrachtet.

2011 veröffentlichten Sebben und Landström [73] eine CFD-Untersuchung, bei der Reifen verschiedener Detailierungsgrade miteinander verglichen wurden. Ausgehend von einem realistischen Reifen wurden zwei vereinfachte Varianten geschaffen. Die erste war ein vollkommen profilloser Reifen, die zweite wurde zusätzlich mit den Längsrillen des ursprünglichen Reifens versehen. Die Ergebnisse der Simulationen wurden mit Windkanaluntersuchungen des voll profilierten Reifens verglichen, wobei sich noch große Unzulänglichkeiten bei der Simulation der Reifen zeigten. Die Unterschiede zwischen den verschiedenen Reifen variierten in der Simulation je nach Felge zwischen $\Delta c_W = -0{,}001$ und $\Delta c_W = 0{,}015$, wohingegen die Experimente auf einen deutlich geringeren Einfluss der Felge schließen ließen. Eine sinnvolle Simulation des Reifeneinflusses war zu dieser Zeit demnach noch nicht möglich.

2013 veröffentlichten Hobeika et al. [22] eine Studie, bei der die Unterschiede in der Aerodynamik zwischen zwei verschiedenen Reifen experimentell und in CFD untersucht wurden. Sowohl CFD als auch das Experiment lieferten dabei vergleichbare Deltas im Luftwiderstand. Hinsichtlich des Vorderachsauftriebs zeigten die beiden Untersuchungsmethoden jedoch gegenläufige Trends zwischen den beiden Reifen. Als weiteres wichtiges Ergebnis dieser Studie konnte ein starker negativer Einfluss (widerstandserhöhend) einer umlaufenden Kante im Bereich der Reifenschulter auf den Luftwiderstand nachgewiesen werden.

Dass im Rennsportbereich die Reifen andere Auswirkungen auf die Aerodynamik des Fahrzeugs haben können als im Pkw-Bereich, wurde von Ogawa et al. [51] gezeigt. Aufgrund der hohen Antriebs- und Seitenkräfte, die in der Formel 1 wirken, werden die Reifen dort kurzzeitig extrem verformt. Ogawa et al. untersuchten den Einfluss einer solchen Verformung, wie sie beispielhaft in **Bild 2.9** dargestellt ist, auf den Auftrieb des Fahrzeugs. Sie stellten fest, dass durch die Verformung der Abtrieb des Fahrzeugs um fast 10% einbricht, was unter anderem auf eine verminderte Zuströmung zum Diffusor des Fahrzeugs zurückgeführt werden konnte.

Zusammenfassend lässt sich festhalten, dass im Gegensatz zum Einfluss der Raddrehung, der vor allem im Zuge der fortschreitenden Entwicklung der Windkanäle ausführlich untersucht wurde, der Einfluss des Reifens auf die Aerodynamik eines Fahrzeugs bisher nur sehr sporadisch betrachtet wurde. Die wenigen Veröffentlichungen weisen dabei vor allem auf einen möglichen Einfluss des Reifenprofils und der Reifenschulter hin, jedoch fehlen oft noch weitergehende Untersuchungen.

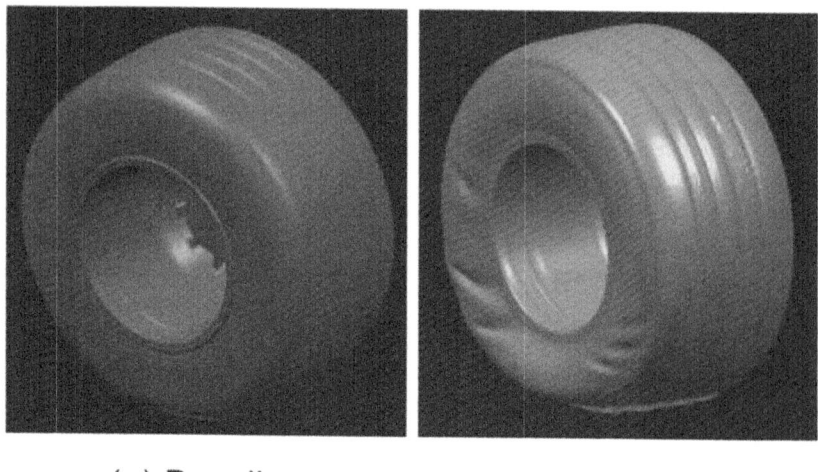

(a) Baseline (b) Fy: 7000 N

Bild 2.9: Verformung eines Formel-1-Rades aufgrund einer Seitenkraft. Links: Unverformt, rechts: Verformung durch eine Seitenkraft von 7000 N [51].

2.5.1 Aerodynamikkonzepte verschiedener Reifenhersteller

In den letzten Jahren gab es seitens der Reifenhersteller verschiedene Konzepte und Patente zu Reifen mit speziellen aerodynamischen Eigenschaften. All diese haben jedoch gemein, dass ihre Wirkungsweise nicht belegt wird.

Hankook Ventus-Aero

Der Reifenhersteller Hankook präsentierte zur IAA 2011 einen Konzeptreifen, der vor allem durch seine besondere Gestaltung der Seitenwand auffällt, die in **Bild 2.10** abgebildet ist.

Die Seitenwand ist aus sechs sogenannten „Winglets" aufgebaut, die laut Herstellerangaben dafür sorgen sollen, dass die Luft ins Radhaus gefördert wird. Um den Luftwiderstand, der durch diese „Winglets" hervorgerufen wird, zu reduzieren, sind Vertiefungen angebracht, die der Oberfläche eines Golfballs nachempfunden wurden. Laut Herstellerangaben soll sich der Auftrieb damit in der Größenordnung von wenigen Prozentpunkten reduzieren lassen [64], was jedoch nicht weiter belegt wurde.

Insgesamt muss das beschriebene Konzept kritisch bewertet werden. Die vom Hersteller angegebene Wirkungsweise der Luftführung ins Radhaus würde zwar am Reifen selbst zu einem gesteigerten Abtrieb führen, insgesamt würde jedoch der gegenteilige Effekt eintreten, da der erhöhte Druck im Radhaus nicht nur auf den Reifen, sondern auch auf die Radhausschale wirkt, die eine deutlich größere Oberfläche aufweist. Weiterhin ist anzunehmen, dass bereits die umlaufende Kante, die in Bild 2.10 rechts gut zu sehen ist, zu einer Ablösung der Strömung führt, und so die Wirkungsweise der Seitenwand insgesamt kaum zum Tragen kommen kann. Daher ist dieses Konzept eher als Marketing-Instrument anzusehen.

Bild 2.10: Hankook Ventus Aero, links: Gesamtansicht des Reifens, rechts: Detailansicht der Seitenwand.

Yokohama Aerodynamik Studie

Einen anderen Ansatz geht Yokohama mit einer Ende 2012 vorgestellten Aerodynamik-Studie [94]. Um den Druck im Radhaus zu reduzieren, wurden auf der Innenseite des Reifens 24 „Finnen" angebracht, die zu einer erhöhten Luftverwirbelung im Radhaus beitragen (vgl. **Bild 2.11**) und so zu einem verringerten Druck innerhalb des Radhauses führen sollen. Die beschriebene Wirkungsweise wurde durch Windkanalversuche sowie CFD-Berechnungen mit vereinfachten Modellen untersucht, und resultierte in einer Verbesserung im Luftwiderstand des Fahrzeugs von $\Delta c_W = 0{,}005$ bis $\Delta c_W = 0{,}010$, die vor allem durch eine verbesserte Umströmung des vereinfachten Grundkörpers zustande kommt. Untersuchungen am Gesamtfahrzeug wurden dabei bislang nicht veröffentlicht.

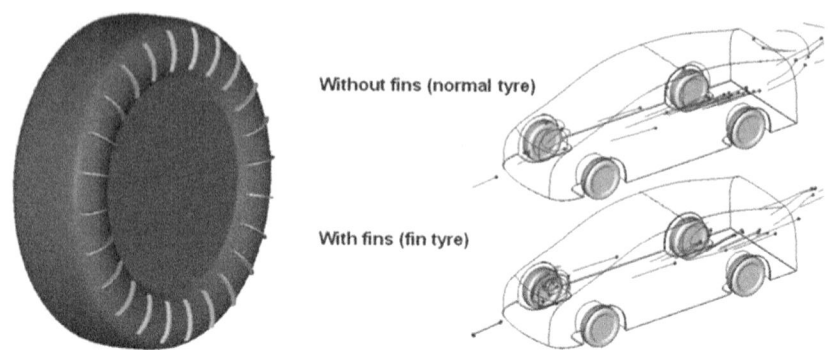

Bild 2.11: Yokohama Aerodynamik Studie mit „Finnen" auf der Innenseite des Reifens und beschriebene Wirkungsweise [94].

Was bei der Vorstellung des Reifens jedoch nicht betrachtet wird, ist der erhöhte Antriebsbedarf, der benötigt wird, wenn die Luft im Radhaus in Rotation versetzt werden soll. Außerdem wurden bisher lediglich Versuche an vereinfachten Körpern gezeigt, so dass die Wirkungsweise am realen Fahrzeug nicht nachgewiesen ist.

Continental

In mehreren Patentanträgen führt die Firma Continental spezielle aerodynamische Gestaltungen der Seitenwand und des Übergangs zwischen Lauffläche und Seitenwand auf [5, 6, 7]. Mit einer Wabenstruktur (vgl. **Bild 2.12**) auf der Oberfläche soll eine Strömungsablösung verhindert und damit der Luftwiderstand gesenkt werden. Dies basiert auf dem Prinzip, dass eine laminare Strömung durch Turbulenzgeneratoren künstlich in eine turbulente überführt werden kann und so länger am Reifen anliegen bleibt [23]. Voraussetzung dafür ist jedoch, dass sich die Strömung knapp im unterkritischen Bereich befindet und so der künstliche Umschlag herbeigeführt werden kann. Dies ist am Fahrzeug jedoch üblicherweise nicht der Fall.

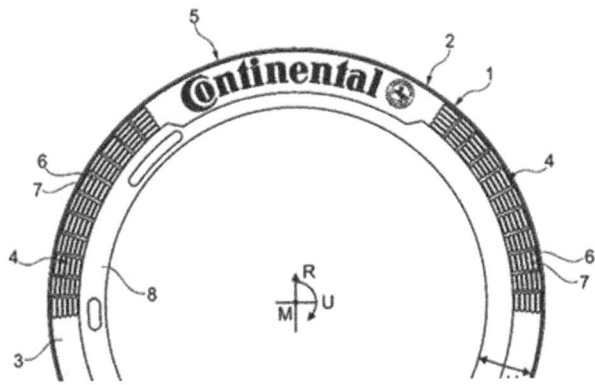

Bild 2.12: Reifenseitenwand mit Wabenstruktur zur verbesserten Aerodynamik des Reifens [6]

3 Entwicklungswerkzeuge

Die wichtigsten Entwicklungswerkzeuge für den Aerodynamiker sind heute der Windkanal und die numerische Strömungssimulation (CFD). Während in der Vergangenheit CFD häufig nur für Studien oder im frühen Projektstadium eingesetzt wurde [9], als noch keine Hardware-Prototypen verfügbar waren, ist sie heute zu einem festen und unverzichtbaren Bestandteil innerhalb der gesamten Fahrzeugentwicklungszeit geworden [18, 26]. Dabei stehen Windkanal und CFD nicht im Wettbewerb, sondern haben sich zu Werkzeugen entwickelt, die sich gegenseitig ergänzen und so eine Verkürzung der Entwicklungszeit ermöglichen [31, 89].

3.1 Windkanäle und Prüfstände

Für die experimentellen aerodynamischen Untersuchungen standen die Windkanäle der Audi AG, der BMW Group, sowie der Aeroakustik-Fahrzeugwindkanal und der Modellwindkanal am Institut für Verbrennungsmotoren und Kraftfahrwesen (IVK) der Universität Stuttgart zur Verfügung. Für zusätzliche Untersuchungen wurde auch der Reifenprüfstand des IVK genutzt.

Alle im Folgenden beschriebenen Windkanäle sind nach Göttinger Bauart aufgebaut, was bedeutet, dass sie eine geschlossene Luftführung sowie eine zu dreiviertel offene Messstrecke besitzen. Sie haben den Vorteil, dass im stationären Betrieb nur die Energie aufgebracht werden muss, die durch die Verluste im Kanal dissipiert wird. Außerdem werden die Bedingungen in der Messstrecke nicht durch wechselnde Umgebungsbedingungen, wie zum Beispiel Regen oder Schnee, beeinflusst. Die offene Messstrecke bietet zudem eine gute Zugänglichkeit zum Fahrzeug, was vor allem bei Modifikationen des Fahrzeugs oder bei Messungen im Strömungsfeld, bei denen eine Sonde an der Traversiereinrichtung angebracht ist, von großem Vorteil ist.

Zur Darstellung der Straßenfahrt im Windkanal sind alle Kanäle mit einem 5-Band-System ausgerüstet, das aus einem spurbreiten Mittenlaufband sowie 4 kleineren Laufbändern (WRU) zur Darstellung der Raddrehung besteht. Die WRUs sind dabei mit der Windkanalwaage verbunden, sodass die Kräfte am Rad mit in die Kraftmessung eingehen. Die Antriebsleistung der Laufbänder, die vor allem durch den Rollwiderstand bestimmt wird, stellt für die Waage hingegen eine innere Kraft dar und tritt somit bei den Messungen nicht in Erscheinung. Zusätzlich sind verschiedene Systeme zur weiteren Grenzschichtbeeinflussung vorhanden, um die Strömungssituation möglichst nahe an den Zustand auf der Straße anzupassen.

Die eingesetzten Bandsysteme unterscheiden sich in den verschiedenen Windkanälen allerdings im Aufbau, wobei vor allem das Material der verwendeten Laufbänder und die daraus resultierenden Abrolleigenschaften der Reifen von Bedeutung sind.

3.1.1 Der 1:1 Aeroakustik-Fahrzeugwindkanal (FWK) der Universität Stuttgart

Der FWK befindet sich von den hier genutzten Windkanälen bereits am längsten in Betrieb. Durch kontinuierliche Upgrades wird jedoch sichergestellt, dass sich die Ausstattung immer mindestens auf dem Stand der Technik befindet. **Bild 3.1** zeigt mit dem Grundriss des Windkanals und der angrenzenden Fahrzeughalle den grundsätzlichen Aufbau eines Windkanals der Göttinger Bauart. Bei einer Düsenfläche von 22,45 m² und einer Antriebsleistung von 3,3 MW können Luftgeschwindigkeiten von maximal 265 km/h erreicht werden. Der Kanal wurde 1989 in Betrieb genommen und seitdem mehrfach überarbeitet und erweitert. 1993 erfolgte der Ausbau zum Aeroakustik-Fahrzeugwindkanal [33, 54] und 2001 wurde der Windkanal mit einem System zur Straßenfahrtsimulation ausgestattet [58].

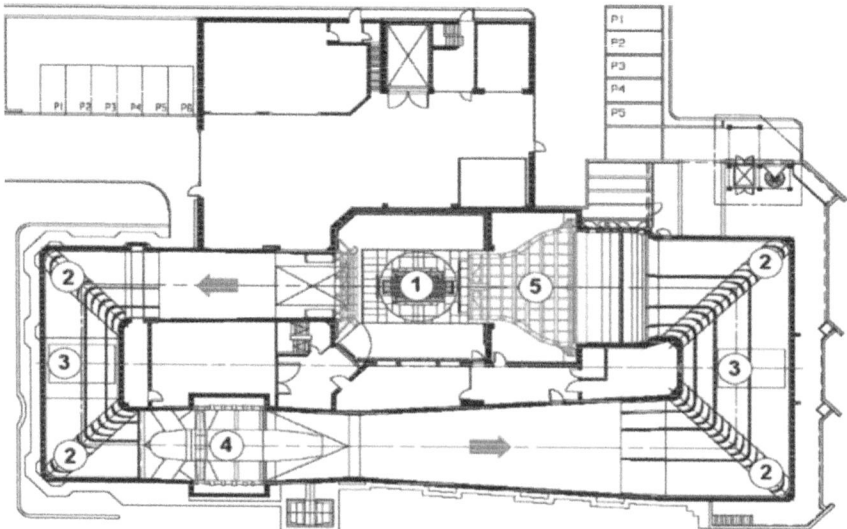

Bild 3.1: Grundriss des Aeroakustik-Fahrzeugwindkanals:
Messstrecke (1), Umlenkecken (2), Luftführung (3), Gebläse (4) und Düse (5) [57].

In **Bild 3.2** ist links ist die Drehscheibe des FWK dargestellt. Das Fahrzeug steht auf den WRUs und wird zwischen den Rädern über vier Schwellerstützenhalter gefesselt. Im rechten Abbildungsteil ist der Aufbau des Messstreckenbodens mit dem System zur Darstellung der Straßenfahrtsimulation zu sehen. Alle Laufbänder sind als kunststoffbeschichtete Stahlbänder ausgeführt, die jeweils über zwei zylindrische Rollen und ein planes Luftlager geführt werden. Damit kann gewährleistet werden, dass die Reifen auf einer ebenen Fläche abrollen und die Radaufstandsflächen sich wie auf der Straße ausbilden. Außerdem sind verschiedene Absauge- und Ausblasesysteme vorhanden, die zur Konditionierung der Grenzschicht eingesetzt werden. Details zu den Systemen finden sich unter anderem in folgenden Veröffentlichungen: [57, 58, 88].

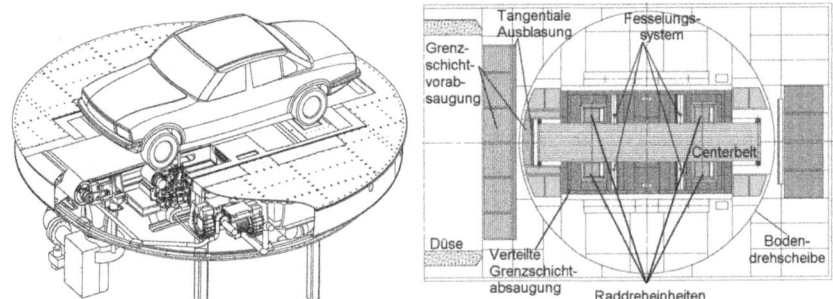

Bild 3.2: **Drehscheibe des FWK mit integriertem 5-Band-System (links). Aufbau des Messstreckenbodens mit Grenzschichtkonditionierung (rechts)** [57, 58].

3.1.2 Der 1:1 Audi-Aeroakustik-Windkanal

Der Audi-Windkanal wurde im Jahre 1999 in Betrieb genommen und war als einer der ersten automobilen Windkanäle mit einem 5-Band-System ausgerüstet. Der Düsenquerschnitt beträgt 11 m² und mit dem 2,6 MW Gebläse können Luftgeschwindigkeiten von bis zu 300 km/h erreicht werden [81].

Bild 3.3 zeigt die Messstrecke des Audi-Windkanals mit aufgespanntem Fahrzeug. Die Räder des Fahrzeugs stehen hier ebenfalls auf vier Radantriebseinheiten und unter dem Fahrzeug läuft ein Centerbelt. Im Gegensatz zu den anderen beiden 1:1 Windkanälen kommen hier jedoch Polymerbänder zum Einsatz. Diese bieten den Vorteil, dass die Führung der Bänder in y-Richtung durch V-förmige Profile auf der Unterseite erfolgt, und so ein aufwändiges Tracking des Bands entfällt.

Bild 3.3: Messstrecke des Audi-Aeroakustik-Windkanals mit aufgespanntem Fahrzeug (Opel Insignia).

Nachteil des Systems ist, dass die Aufstandsfläche der Reifen nicht vollständig eben ist, weil sich das Band, vor allem bei Belastung durch ein Rad, verformen kann und sich ein Stück weit um die unter dem Rad liegende Rolle anlegt. Damit unterscheidet sich die Form des Reifens von der, die sich auf der Straße einstellen würde. Zusätzlich führt die Kombination von Poly-V-Riemen und Gummireifen zu einem erhöhten Wärmeeintrag in die Fahrzeugreifen und in die Bänder, was unter Umständen die Reifeneigenschaften beeinflussen kann. Dies wurde unter anderem von Potthoff in umfangreichen Testreihen am IVK untersucht [56]. Weitere Details zum Audi-Windkanal sind unter anderem in [67, 81, 84] zu finden.

3.1.3 Der 1:1 BMW-Windkanal

Der BMW-Windkanal ist der jüngste Windkanal, der im Rahmen des Projekts eingesetzt wurde. Er ist seit 2009 in Betrieb und bei einer Düsengröße von 25 m² wird eine maximale Geschwindigkeit von 250 km/h erreicht. Für höhere Geschwindigkeiten besteht zusätzlich die Möglichkeit, den Düsenquerschnitt auf 18 m² zu verkleinern, so dass Anströmgeschwindigkeiten von bis zu 300 km/h möglich sind [12].

Die Laufbandtechnik ist vergleichbar mit der des FWK. Auch hier werden Stahlbänder, die zur Simulation einer ebenen Straßenoberfläche über Luftlager geführt werden, eingesetzt. Allerdings sind die Laufbänder nicht mit einem Coating versehen, sondern haben eine glatte Oberfläche. Dies führt vor allem hinsichtlich des Widerstandes gegenüber mechanischen Beschädigungen zu Nachteilen.

Die Maßnahmen zur Grenzschichtbeeinflussung bestehen aus einem Scoop, der sich innerhalb der Düse befindet, sowie Einrichtungen zur tangentialen Ausblasung vor dem Centerbelt und vor den Radantrieben.

3.1.4 Der 1:4 / 1:5 Modellwindkanal (MWK) der Universität Stuttgart

Der IVK-Modellwindkanal ist mit seiner Düsenfläche von 1,65 m² für die Untersuchung von Modellen im Maßstab 1:4 und 1:5 geeignet. Die Bodensimulationseinrichtungen des Modellwindkanals entsprechen zu großen Teilen denen des 1:1-Fahrzeugwindkanals [59]. Lediglich die verteilte Absaugung ist hier aufgrund der kürzeren Messstreckenlänge nicht nötig und wird daher üblicherweise nicht eingesetzt. Zudem bestehen die Laufbänder der Radantriebseinheiten aus Poly-V-Riemen, was hier jedoch von Vorteil ist, da meist mit nicht verformbaren Rädern gemessen wird und so das Laufband einen Teil der Deformation darstellen kann. Der Aufbau des 5-Band-Systems ist in **Bild 3.4** abgebildet. Die maximal mögliche Strömungsgeschwindigkeit im MWK beträgt 288 km/h.

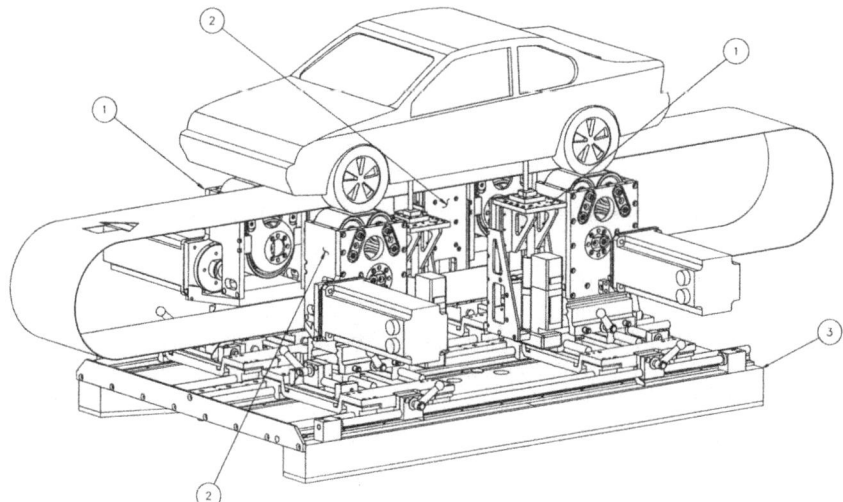

Bild 3.4: Aufbau des 5-Band-Systems des Modellwindkanals der Universität Stuttgart [88].

Für den automatischen Transport der Modelle in die Messstrecke, und für Messungen innerhalb der Strömung sind im MWK ein 4-Achs-Modellmanipulator sowie eine Traversierung vorhanden. Die Traversierung kann dabei vom Messrechner aus gesteuert Punkte abfahren, so dass beispielsweise mit einer Mehrlochsonde Ebenen oder Volumina im Strömungsfeld in kurzer Zeit automatisiert gemessen werden können.

Ein im MKW häufig genutztes Messinstrument ist die Cobra-Sonde des australischen Herstellers TFI, die in **Bild 3.5** dargestellt ist. Über die vier Löcher des facettierten Sondenkopfs werden Drücke innerhalb der Strömung gemessen. Durch die Form des Sondenkopfs können mittels der gemessenen Druckunterschiede die Anströmgeschwindigkeit sowie die Strömungsrichtung in einem großen Winkelbereich gemessen werden. Da die Druckaufnehmer im Sondengehäuse untergebracht sind, liegt zwischen Messpunkt und Aufnehmer nur eine kurze Strecke, was Messungen bei Frequenzen von bis zu 1500 Hz ermöglicht.

Diese hohe Abtastfrequenz ermöglicht auch Messungen des Strömungsfelds bei kontinuierlich bewegter Sonde [69]. Da nicht an jedem Messpunkt angehalten werden muss, führt dies bei gleicher Anzahl an „virtuellen" Messpunkten zu einer deutlich verringerten Messzeit. Die kontinuierlich aufgezeichneten Messdaten werden nach ihrer Erfassung aufbereitet, wobei die Bewegung der Sonde herausgerechnet wird. Zusätzlich werden die Daten so gemittelt, dass anschließend mittlere 3D-Strömungsgeschwindigkeiten für diskrete Punkte entlang eines definierten Gitters vorliegen.

Bild 3.5: Cobra-Sonde mit vergrößerter Ansicht des Sondenkopfs [69].

3.1.5 Der IVK-Reifenprüfstand

Der Reifenprüfstand des IVK besteht im Wesentlichen aus einem Laufband, das vom Institut als Prototyp für die Radantriebe des Audi-Windkanals getestet wurde. Diese Radantriebseinheit wurde für den Prüfstand so erweitert, dass darauf ein Rad drehbar montiert und mit definierter Radlast beaufschlagt werden kann. Dabei kann sich das Rad in z-Richtung frei bewegen; Verformungen der Reifengeometrie, z. B. infolge hoher Geschwindigkeiten, können so realistisch dargestellt werden.

Die maximale Geschwindigkeit des Laufbands beträgt 250 km/h und die Radlast kann zwischen 1 kN und 4,5 kN variiert werden. **Bild 3.6** zeigt den Prüfstand. Das Rad ist in einem Schutzkäfig untergebracht, so dass bei etwaigen Reifendefekten keine Gefahr für die Versuchsumgebung entsteht.

Bild 3.6: IVK-Reifenprüfstand mit Schutzkäfig und Einrichtung zur Messung der Reifengeometrie.

Der Reifenprüfstand bietet die Möglichkeit, die Geometrie des Reifens im Latschbereich bei verschiedenen Betriebspunkten zu erfassen. Dies erfolgt optisch über ein selbstentwickeltes, auf dem Lichtschnittverfahren basierendes Verfahren. Dabei wird mit einem Laser eine Linie auf die Seitenwand des Reifens projiziert, die dann von einer Kamera unter einem Winkel von 45° aufgenommen wird. Die Linie im Kamerabild ermöglicht es, die Geometrie des Reifens zu berechnen [4]. Mit diesem Verfahren lässt sich die Form der Seitenwand im Bereich der Reifenaufstandsfläche sehr genau bestimmen und es können Aussagen über die Verformung des Reifens bei unterschiedlichen Betriebspunkten getroffen werden.

3.2 Numerische Strömungssimulation

Neben experimentellen Untersuchungen im Windkanal hat die dreidimensionale numerische Strömungssimulation (CFD) inzwischen einen festen Platz in der aerodynamischen Fahrzeugentwicklung eingenommen. Sie bietet nicht nur die Möglichkeit, bereits in frühen Entwicklungsphasen das Fahrzeug ohne existierende Hardware-Prototypen aerodynamisch zu optimieren, sondern liefert speziell auch für Detailuntersuchungen den Vorteil eines umfassenden Einblickes in das Strömungsfeld. Damit können in CFD komplexe Strömungsphänomene untersucht und verstanden werden.

3.2.1 EXA PowerFLOW und die Lattice-Boltzmann-Methode

Im Rahmen dieser Arbeit kam das kommerzielle, auf der Lattice-Boltzmann-Methode basierende Softwarepaket EXA PowerFLOW für die numerischen Simulationen zum Einsatz. In PowerFLOW wird die Strömung nicht wie in den meisten anderen CFD-Programmen makroskopisch, d. h. durch die Bewegung eines Kontinuums, sondern mikroskopisch, also durch die Bewegungen und Wechselwirkungen der einzelnen Teilchen des Fluids, beschrieben.

Bei dieser Betrachtungsweise muss der Zustand des Vielteilchensystems mathematisch durch Kräftegleichgewichte zwischen den Teilchen beschrieben werden. Dies führt bei der Betrachtung von realen Strömungsvorgängen zunächst zu Problemen, da auf molekularer Ebene ein Kräftegleichgewicht formuliert werden müsste, das die Beziehungen von allen Teilchen untereinander berücksichtigt. Da sich bei Atmosphärendruck und 0°C in einem Kubikzentimeter Luft jedoch bereits $2{,}69 \cdot 10^{19}$ Moleküle und Atome befinden, und die Wechselwirkung mit jedem anderen Teilchen durch N^2 Gleichungen beschrieben wird, ist dies aufgrund der hohen Rechenzeiten nicht möglich [65].

Dies führt zu der Überlegung, das System auf höheren Ebenen vereinfacht durch eine Verteilungsfunktion zu beschreiben, für die folgende Annahmen zur Beschreibung getroffen werden [91]:

- Wechselwirkungen / Stöße werden nur jeweils zwischen zwei Teilchen betrachtet.
- Die Geschwindigkeiten der Teilchen vor dem Stoß sind nicht miteinander korreliert. Theorie des molekularen Chaos.
- Externe Kräfte beeinflussen die Dynamik der Stöße nicht.

Dies führt zur Boltzmann-Gleichung (Gl. 3-1), in der die Verteilungsfunktion $f(t, \vec{x}, \vec{v})$ die Wahrscheinlichkeit angibt, an einer beliebigen Ort $\vec{x}$ zum Zeitpunkt t ein Teilchen mit der mikroskopischen Geschwindigkeit $\vec{v}$ vorzufinden. Die Verteilungsfunktion, die eine wichtige Rolle in der Boltzmann-Gleichung einnimmt, wird häufig auch als Wahrscheinlichkeitsdichtefunktion bezeichnet.

$$\frac{\partial f}{\partial t} + \vec{v} \cdot \frac{\partial f}{\partial \vec{x}} + \vec{F} \cdot \frac{\partial f}{\partial \vec{v}} = \Omega(f, f) \qquad \text{Gl. 3-1}$$

Die linke Seite der Boltzmann-Gleichung beschreibt die Änderung der Verteilung und kann als Teilchentransport interpretiert werden, wobei $\vec{F}$ das

Verhältnis der Volumenkräfte zur Masse der Teilchen im Kontrollvolumen darstellt. Auf der rechten Seite wird die Wechselwirkung der Teilchen untereinander durch Stöße beschrieben, was durch den Kollisionsoperator $\Omega(f,f)$ ausgedrückt wird. Beim Lösen der Boltzmann-Gleichung bereitet vor allem die Lösung des Kollisionsoperators Probleme. Um die Boltzmann-Gleichung für CFD-Simulationen anwenden zu können, wird der Kollisionsoperator durch einen modifizierten, einfacheren Kollisionsterm nach Bhatnagar, Gross und Krook (BGK) ersetzt [20].

$$\Omega(f,f) = -\frac{1}{\tau}(f - f^{(0)}) \qquad \text{Gl. 3-2}$$

Das so gewonnene BGK-Modell stellt eine gute Näherung an die Boltzmann-Gleichung dar und muss für die numerische Lösung räumlich diskretisiert werden [61]. Dies geschieht beispielsweise über einen Finite-Differenzen-Ansatz auf einem Gitter *(englisch: Lattice)*, weshalb sich für das Verfahren zur numerischen Lösung die Bezeichnung *Lattice-Boltzmann-Methoden* etabliert hat. Die Lattice-Boltzmann-Gleichung lautet:

$$f_i(t + \Delta t, \vec{x} + \vec{e}_i \Delta x) - f_i(t, \vec{x}) = -\frac{\Delta t}{\tau}(f_i(t, \vec{x}) - f_i^{(0)}(t, \vec{x})) \qquad \text{Gl. 3-3}$$

Die Lattice-Boltzmann-Methoden zeichnen sich durch einen einfachen Algorithmus aus, wodurch eine sehr effiziente Parallelisierung und damit hohe Rechengeschwindigkeiten möglich sind. Bei der Parallelisierung wird das Rechengitter auf mehrere Prozessoren (CPUs) aufgeteilt, wodurch die Rechenzeit stark verkürzt werden kann und die benötigten Ressourcen pro Rechenkern deutlich verringert werden. Das Rechengitter wird dabei, wie bereits erwähnt, in dem festgelegten Strömungsvolumen automatisch erzeugt. Ein weiterer Vorteil der LBM besteht darin, dass mit dieser Methode Umströmung komplexer Geometrien simuliert werden kann, da die Randbedingungen gaskinetisch formuliert werden [25]. Die automatisierte Generierung der Rechengitter führt dabei zu kurzen Vorbereitungszeiten der Simulationen, was insbesondere bei Parameterstudien von großem Vorteil ist.

Da PowerFLOW zu einem der meistgenutzten CFD-Codes in der Automobilindustrie zählt, existiert eine Vielzahl von Validierungsuntersuchungen, die von einfachen Grundkörpern [50] über komplexe Fahrzeuge [32, 70] bis hin zu Fahrzeugen in kompletten Windkanalumgebungen [19] reichen.

3.2.2 Darstellung der Raddrehung in CFD

Obwohl die numerische Strömungssimulation bereits seit längerer Zeit in der Fahrzeugaerodynamik eingesetzt wird, ist eine exakte Darstellung der Raddrehung in CFD bis heute nicht möglich. Dies ist hauptsächlich dadurch begründet, dass es sich bei der Drehung des Rades nicht um eine reine Rotation eines Körpers um eine Achse handelt – wie dies zum Beispiel bei einem Lüfter der Fall ist – sondern dass der Reifen während der Rotation zusätzlich eine Deformation erfährt. Für eine korrekte Darstellung wäre daher der Einbezug einer vom Drehwinkel des Reifens abhängigen Deformation der Reifengeometrie nötig, was mit den heutigen Simulationsprogrammen nicht möglich ist und bereits in der Theorie einen enormen Simulationsaufwand bedeutet.

Aus diesem Grund muss die Raddrehung vereinfacht dargestellt werden. Dabei muss zwischen der Komplexität der Simulation, der damit erreichbaren Simulationsgüte und den hierfür benötigten Ressourcen abgewogen werden. Es stehen dabei prinzipiell drei mögliche Ansätze für die Darstellung der Raddrehung zur Verfügung:

- Aufprägung einer Oberflächenrandbedingung
- Multiple Reference Frame Methode (MRF)
- Bewegte Netze (Sliding Mesh Methode)

Die einfachste Methode ist die Darstellung der Raddrehung durch die Aufprägung einer **Oberflächenrandbedingung**. Dabei wird jedem Punkt auf der Oberfläche eine vom Abstand zur Drehachse abhängige Geschwindigkeit aufgeprägt, die sich dann aufgrund der Haftbedingung an der Oberfläche auf die Strömung überträgt. Diese Methode stellt eine physikalisch richtige Lösung dar, solange die Geschwindigkeit tangential zur Oberfläche gerichtet ist, wie zum Beispiel an einem drehenden Zylinder oder einem nicht oder nur längs profilierten Reifen mit glatter Seitenwand. Sobald es jedoch Stellen gibt, an denen die Rotationsrichtung senkrecht zur Wand verläuft, kommt diese Methode an ihre Grenzen und kann die Strömung nicht mehr realistisch darstellen. Dies ist beispielsweise an den Speichen einer Felge oder aber auch innerhalb des Reifenquerprofils der Fall. Für nicht rotationssymmetrische oder für drehende Bauteile, die an ein feststehendes Bauteil angrenzen (zum Beispiel ein deformierter Reifen, der in Kontakt mit der Fahrbahn steht), ist dieses Vorgehen jedoch häufig der einzig mögliche Ansatz, weshalb er standardmäßig für die Darstellung der Rotation des Reifens eingesetzt wird.

Auch bei der **MRF-Methode** wird die Geometrie stationär betrachtet und lediglich das Referenzkoordinatensystem erfährt eine Drehung, weshalb dies oft auch als „Frozen-Rotor-Methode" bezeichnet wird. Durch die Drehung des Koordinatensystems werden dem Fluid die bei der Drehung wirkenden Zentrifugal- und Corioliskräfte aufgeprägt. Die Wirkung der Drehung lässt sich mit dieser Methode sehr gut darstellen, weshalb sie häufig bei der Darstellung der Rotation von Felgen, Bremsscheiben oder Lüftern zum Einsatz kommt. Nachteil der MRF-Methode ist, dass aufgrund der stationär betrachteten Geometrie die Bauteile immer in derselben Lage betrachtet werden. Um dies zu umgehen, wären sehr viele Simulationen nötig, bei denen die Position jeweils stückweise verändert wird.

Eine realistische Darstellung der Rotation erfordert eine Bewegung der Geometrie und damit eine instationäre Betrachtung der Strömung. Die Bewegung wird bei der **Sliding-Mesh-Methode** dadurch dargestellt, dass ein Teil des Rechennetzes rotiert wird. Die Zellen des rotierenden Netzes sind dabei nicht fest mit denen außerhalb des Sliding-Mesh Bereichs verbunden, was einerseits eine Rotation ermöglicht, es andererseits jedoch auch erforderlich macht, dass die Übergänge bei jedem Zeitschritt neu berechnet werden. Dies führt daher zu einem ca. 20% gesteigerten Rechenaufwand gegenüber der MRF-Methode.

Für die Simulation der Raddrehung am Fahrzeug wird üblicherweise ein kombinierter Ansatz eingesetzt, wie er von Wäschle [93] für den Einsatz in der Pkw-Entwicklung vorgeschlagen wurde: Die Drehung der Reifen wird durch eine Oberflächenrandbedingung dargestellt und die Drehung der Felgen durch die MRF-Methode. Dies bietet zurzeit den besten Kompromiss aus Genauigkeit und Simulationsdauer, und wird daher auch im Rahmen dieser Arbeit als Standard genutzt.

4 Einfluss der Reifenparameter auf den Luftwiderstand eines Fahrzeugs

Wie in Kapitel 2.5 gezeigt, gibt es bisher nur wenige veröffentlichte Untersuchungen, die sich detailliert mit den aerodynamischen Eigenschaften von Pkw-Reifen auseinandersetzen. Der Hauptteil dieses Kapitels befasst sich daher damit, wie sich geometrische Eigenschaften des Reifens auf die Strömung am Fahrzeug und damit auf die aerodynamischen Eigenschaften des Fahrzeugs auswirken.

Um den Einfluss verschiedener Parameter am Reifen zuverlässig untersuchen zu können, muss zunächst sichergestellt sein, dass die Messung nicht durch veränderte Rahmenbedingungen beeinflusst werden kann. Dazu muss bekannt sein, welche „äußeren" Parameter am Reifen einen Einfluss auf das Ergebnis haben können, um diese dann während der Messung entsprechend zu beobachten und gegebenenfalls auch zu kompensieren.

4.1 Einfluss „äußerer" Parameter auf die Aerodynamik des Reifens

Der Aufbau eines Pkw-Reifens, der zu großen Teilen aus Gummi besteht und mit Luft gefüllt ist, führt dazu, dass sich die Form des Reifens stark verändern kann. Vor allem aus Komfortgründen ist dies eine wichtige Eigenschaft, die dem Luftreifen zunächst überhaupt zu seinem Durchbruch verholfen hat. Jedoch führt dies aus der Sicht des Aerodynamikers auch zu Schwierigkeiten, da die Reifenform im Betrieb nicht statisch ist.

Bei stationärer Geradeausfahrt ist die Form des Reifens dabei vor allem von den Parametern Reifeninnendruck, Radlast, Reifentemperatur und Fahrgeschwindigkeit abhängig. Diese Parameter sind teilweise sehr eng miteinander verbunden, da sie dieselben Wirkungsweisen am Reifen hervorrufen und damit unter Umständen der Einfluss eines Parameters durch einen anderen wieder ausgeglichen werden kann.

Bis sich am Reifen ein stationärer Zustand einstellt, dauert es jedoch vor allem bei der Reifentemperatur einige Zeit, so dass bei Messungen im Windkanal die Temperatur üblicherweise keinen konstanten Wert annimmt.

4.1.1 Reifeninnendruck und Radlast

Erst durch genügend Überdruck im Reifen ist dieser in der Lage, die anliegende Radlast sicher zu tragen und seine Aufgabe am Fahrzeug zu erfüllen. Die

Karkasse des Reifens selbst ist in der Lage, circa 10 - 15% der Radlast (F_z) zu tragen. Dies erfolgt über den Strukturanteil (k_S) in Gl. 4-1. Der restliche Anteil wird über den Innendruck (p_i), der auf die Kontaktfläche zum Boden (A_k) wirkt, übertragen. Das Tragverhalten eines Reifens lässt sich nach folgender Gleichung beschreiben [8]:

$$F_z = p_i * A_k + k_S \qquad \text{Gl. 4-1}$$

Bild 4.1 zeigt, wie sich die Geometrie des Reifens im Latschbereich verändert, wenn er mit unterschiedlichen Radlasten beaufschlagt wird. Alle anderen Parameter sind dabei unverändert. Bei erhöhter Radlast beult sich der Reifen stärker aus und der Abstand des Radmittelpunkts zum Boden wird reduziert.

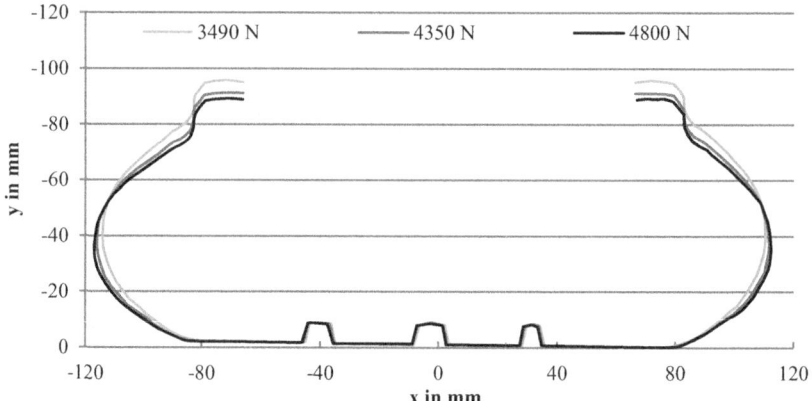

Konfiguration: Reifen: Energy Saver, 205/55 R16, Reifendruck: 2,1 bar, Sturz: 0,8°

Bild 4.1: Schnitt durch einen Reifen im Latschbereich bei unterschiedlichen Radlasten [90].

Die Verformung kann durch eine Erhöhung des Reifeninnendrucks wieder vollständig ausgeglichen werden, so dass sich bei geeigneter Wahl von Radlast und Reifeninnendruck eine konstante Reifengeometrie einstellt.

Dieser Zusammenhang ist in **Bild 4.2** dargestellt. Hier ist die Kontur desselben Reifens bei zwei verschiedenen Radlasten abgebildet (3490 N und 4800 N). Zusätzlich wurde der Reifeninnendruck so angepasst, dass die Änderung der Radlast gerade wieder ausgeglichen wird. Dazu musste der Reifeninnendruck von ursprünglich 1,5 bar um 0,9 bar erhöht werden. Im Gegensatz zur alleinigen Radlaständerung (Bild 4.1), die zu einer deutlichen Geometrieänderung führte, sind die beiden Reifenformen nun nahezu unverändert. Diese

Kompensation der Radlast durch Anpassung des Innendrucks ist unabhängig von der Drehgeschwindigkeit des Reifens, was in verschiedenen Versuchen auf dem IVK-Reifenprüfstand bestätigt werden konnte.

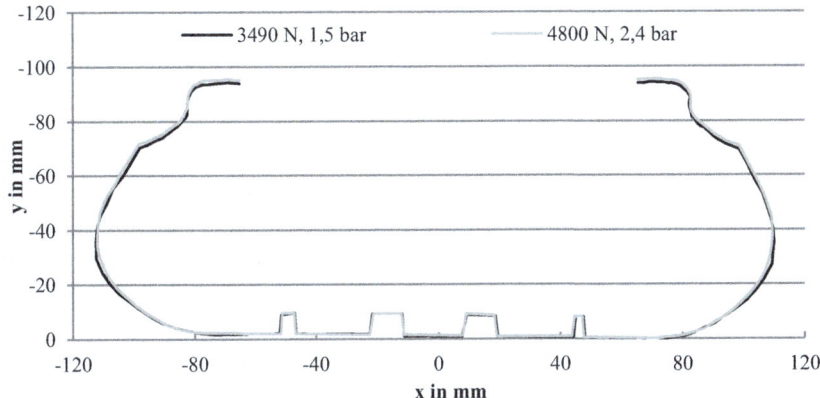

Konfiguration: Reifen: Michelin Primacy HP, 205/55 R16, Sturz: 0,8°

Bild 4.2: Kompensation des Einflusses unterschiedlicher Radlasten auf die Reifengeometrie durch gezielte Anpassung des Reifeninnendrucks [90].

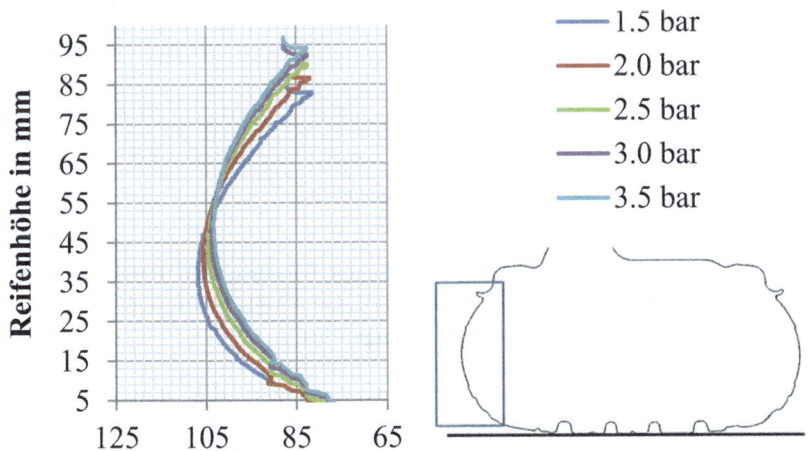

Bild 4.3: Änderung der Seitenwandgeometrie aufgrund unterschiedlicher Reifendrücke gemessen am IVK-Reifenprüfstand.

Wird lediglich der Reifendruck variiert, so verändert dies ebenfalls hauptsächlich die Geometrie des Reifens im Latschbereich – vergleichbar mit der Variation der Radlast. Bei reduziertem Druck wird der Reifen in diesem Bereich breiter und der Abstand des Radmittelpunkts zum Boden wird verringert, da bei geringerem Druck eine erhöhte Aufstandsfläche nötig ist, um die anliegende Radlast zu tragen. Die Geometrieänderung der Seitenwand oberhalb der Aufstandsfläche als Folge unterschiedlicher Reifendrücke ist in **Bild 4.3** dargestellt.

Für ein Fahrzeug im Windkanal, das über Schwellerstützen auf einer konstanten Standhöhe gehalten wird, bedeutet ein geringerer Reifendruck, dass das Fahrwerk ausfedert und der Radmittelpunkt sowie der höchste Punkt des Reifens im Radhaus nach unten wandern. Die Strömung sieht diese vertikale Bewegung dabei kaum, da sie durch das Radhaus abgeschirmt wird. Jedoch wird die Strömung durch die Zunahme der Reifenbreite im Latschbereich beeinflusst, da dieser Teil des Reifens frei angeströmt außerhalb der Fahrzeugkarosserie liegt.

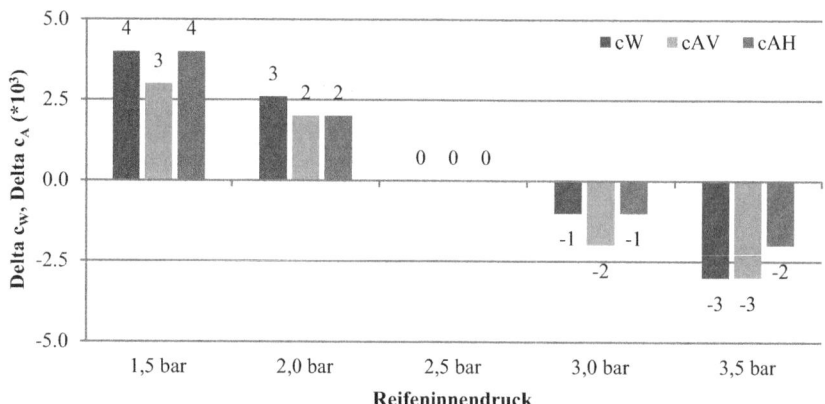

Referenz: 2.5 bar, 140 km/h, Reifen: Michelin Energy Saver

Bild 4.4: **Abhängigkeit der aerodynamischen Beiwerte vom Reifeninnendruck. Die Beschriftung der Balken ist dabei jeweils in Tausendsteln – also in aerodynamischen Punkten – ausgeführt.**

Durch die Verbreiterung des Reifens vergrößert sich zum einen dessen Stirnfläche, und zum anderen wird auch die Umströmung des Reifens beeinflusst. Ein Anstieg des Luftwiderstands bei verringertem Reifeninnendruck ist die Folge. Dieser Zusammenhang ist in **Bild 4.4** deutlich erkennbar. Die Beschriftung der Balken ist dabei jeweils in Tausendsteln – also in aerodynamischen Punkten – ausgeführt, um das Diagramm übersichtlicher zu gestalten. In einer Messreihe wurde der Reifeninnendruck in einem Bereich von 1,5 bar bis 3,5 bar variiert, und es wurden jeweils die aerodynamischen Beiwerte des Fahrzeugs aufgezeichnet. Sowohl im Luftwiderstand als auch im Auftrieb ist eine klare Abhängigkeit der Beiwerte vom Reifeninnendruck zu erkennen. Je größer der Reifeninnendruck ist, desto geringer werden die gemessenen aerodynamischen Beiwerte des Fahrzeugs.

4.1.2 Fahrgeschwindigkeit

Die Fahrgeschwindigkeit eines Fahrzeugs und damit auch die Drehgeschwindigkeit der Räder und Reifen wirken sich vor allem bei hohen Geschwindigkeiten auf die Außenkontur des Reifens aus. Durch die Drehung entstehen am Reifen Zentrifugalkräfte (F), die dazu führen, dass der Reifen eine Zentrifugalkraft erfährt, wodurch sich der Reifen „aufstellt":

$$F = \frac{m\omega^2}{r}$$ Gl. 4-2

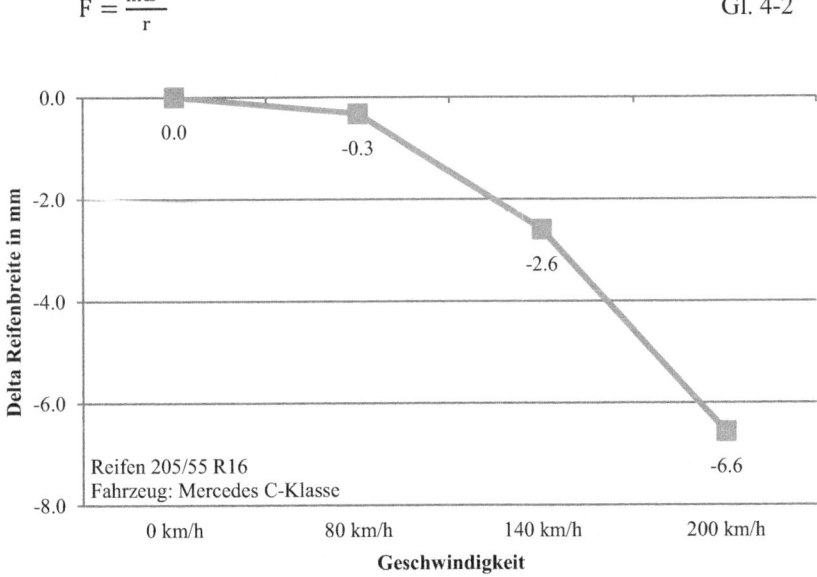

Bild 4.5: **Änderung der Reifenbreite aufgrund der Fahrgeschwindigkeit, gemessen am Fahrzeug im FWK.**

Das heißt, der Reifendurchmesser vergrößert sich unter dem Einfluss der Zentrifugalkraft und die Breite des Reifens nimmt entsprechend ab. Durch die quadratische Abhängigkeit der Zentrifugalkraft von der Geschwindigkeit (vgl. Gl. 4-2) tritt dieser Effekt vor allem bei hohen Geschwindigkeiten verstärkt auf. Messungen im FWK und am IVK-Reifenprüfstand haben gezeigt, dass sich die Geometrie des Reifens unterhalb von 100 km/h kaum verändert. Erst bei höheren Geschwindigkeiten tritt eine deutlich messbare Deformation auf, wie aus **Bild 4.5** ersichtlich wird.

Im Latschbereich wirkt dieser Effekt der anliegenden Radlast entgegen, was bedeutet, dass hier die Ausbildung des Reifenlatschs ein Stück weit kompensiert wird. Die Veränderung der Geometrie im Latschbereich bei verschiedenen Geschwindigkeiten ist in **Bild 4.6** dargestellt.

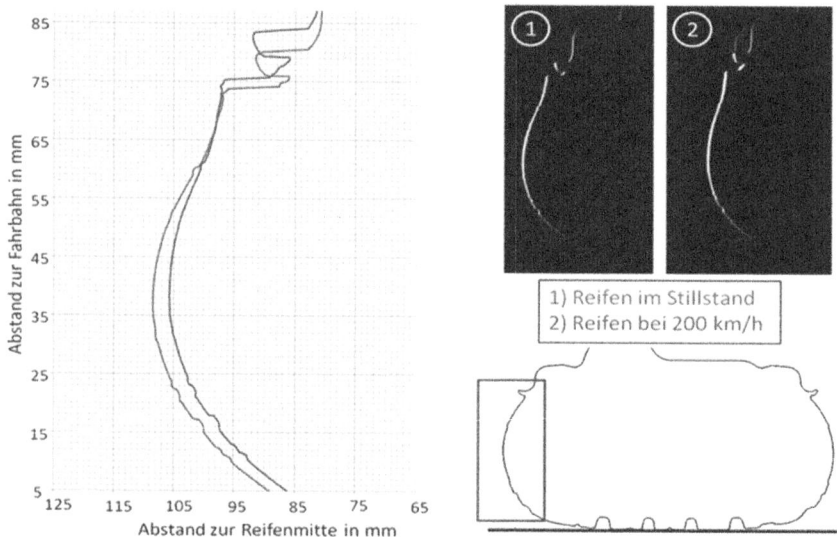

Bild 4.6: **Geometrieänderung der Reifenseitenwand aufgrund der Fahrgeschwindigkeit, gemessen am IVK-Reifenprüfstand. Oben rechts: Aufnahmen der Reifenseitenwand im Laserlichtschnitt.**

Auf der Straße und im Windkanal hat die Fahrgeschwindigkeit unterschiedliche Auswirkungen. Stellt sich der Reifen bei einer Fahrt auf der Straße auf, so wird das gesamte Fahrzeug angehoben, was bedeutet, dass die Standhöhe des Fahrzeugs zunimmt. Bei Windkanalmessungen hingegen ist die Karosserie des Fahrzeugs typischerweise über Schwellerstützen an der Windkanalwaage fixiert und die Standhöhe damit fest vorgegeben. Ein Aufstellen des Reifens kann hier also nur zu einer stärkeren Einfederung führen: Der Radmittelpunkt wird im Radhaus nach oben verschoben. Diese Verschiebung ist für beide Räder der Vorderachse in **Bild 4.7** für unterschiedliche Fahrgeschwindigkeiten aufgetragen.

Obwohl die Auswirkungen der Fahrgeschwindigkeit für das Fahrzeug im Windkanal und auf der Straße verschieden sind, bleiben die Geometrieänderungen am Reifen selbst bei Fahrzeugen mit konventioneller Federung im Windkanal und auf der Straße vergleichbar. Dies beruht darauf, dass die Federrate des Fahrzeugs ungefähr eine Größenordnung geringer ist als die des Reifens. Dadurch wird die Aufstellung des Reifens durch die Fahrzeugfederung nur unwesentlich beeinflusst. Der Einfluss der geänderten Standhöhe wird im Windkanal jedoch nicht gemessen.

Ist ein Fahrzeug hingegen mit einer Luftfederung ausgestattet, so ist die vertikale Reifenposition bezüglich der Fahrzeugkarosserie praktisch festgelegt und der Reifen hat bei fester Aufspannung im Windkanal keine Möglichkeit, sich im Latschbereich aufzustellen. Da im Rahmen dieses Forschungsvorhabens jedoch ausschließlich konventionelle Federungen zum Einsatz kamen, kommt das beschriebene Verhalten bei den hier untersuchten Fahrzeugen nicht zum Tragen.

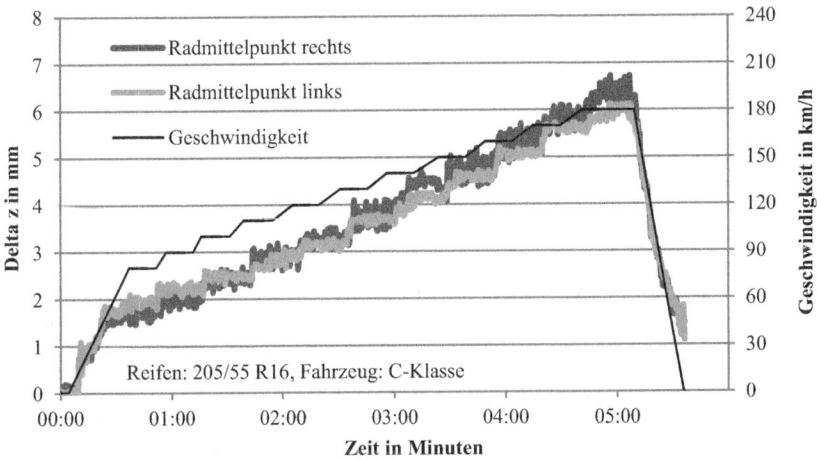

Bild 4.7: Verschiebung der Radmittelpunkte an der Vorderachse in z-Richtung infolge der Fahrgeschwindigkeit, gemessen im FWK.

Dennoch unterscheiden sich auch bei konventioneller Federung die Auswirkungen der Reifendeformation auf die Aerodynamik zwischen Windkanal und Straße. Durch eine vergrößerte Standhöhe auf der Straße steigt der Luftwiderstand eines Fahrzeugs typischerweise an. Im Windkanal hingegen ist dieser Effekt nicht vorhanden. Da im Rahmen dieser Arbeit jedoch die Unterschiede zwischen verschiedenen Reifen im Vordergrund standen und alle Reifen im Windkanal gemessen wurden, kann dieser Umstand hier vernachlässigt werden.

4.1.3 Reifentemperatur

Das Material des Reifens wird im Betrieb ständig deformiert, wodurch eine große Menge Energie in Wärme umgewandelt wird. Dies führt zu einem Temperaturanstieg des Reifens und der Luft im Inneren. Der Reifen kann hierbei in guter Näherung als isochores System betrachtet werden. Über die thermische Zustandsgleichung des idealen Gas kann die Druckerhöhung abgeschätzt werden [76]:

$$p * V = m * R_i * T \qquad \text{Gl.4-3}$$

Die Druckerhöhung im Reifen liegt demnach zwischen 0,1 bar und 0,15 bar pro 10 K Temperaturanstieg [36].

Es ist bekannt, dass die Temperatur des Reifens einen großen Einfluss auf dessen Eigenschaften haben kann. So ist zum Beispiel der Rollwiderstand des Reifens hochgradig von dessen Temperatur abhängig, wie zum Beispiel Mayer in [37] zeigte.

Um zu klären, ob die Temperaturänderung am Reifen bei Messungen im Windkanal so groß werden kann, dass dadurch die aerodynamische Situation beeinflusst wird, wurde in mehreren Versuchsreihen der Einfluss der Reifentemperatur auf die Aerodynamik des Fahrzeugs untersucht.

Messungen im FWK

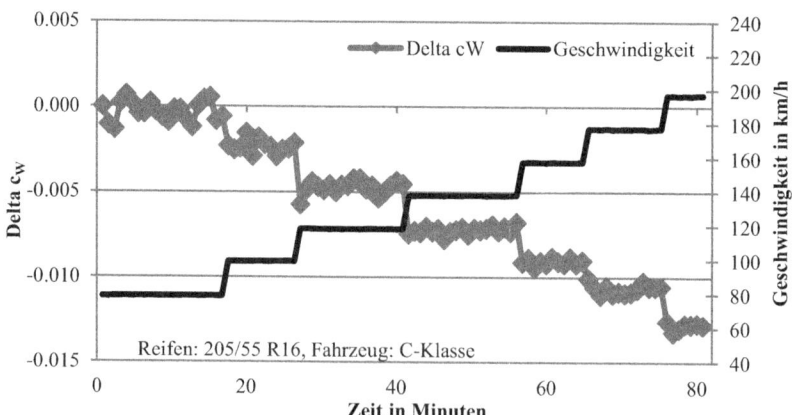

Bild 4.8: **Luftwiderstandsentwicklung in Abhängigkeit von der Geschwindigkeit, gemessen im FWK.**

In einem ersten Versuch zur Reifentemperatur wurde im FWK die Auswirkung der Reifentemperatur und der Fahrgeschwindigkeit ermittelt. Dazu wurde eine Geschwindigkeitsreihe gefahren, bei der die einzelnen Geschwindigkeiten jeweils so lange konstant gehalten wurden, bis sich für die Reifentemperatur ein Beharrungszustand einstellte.

Die Geschwindigkeit wurde während der Messung von 80 km/h bis 200 km/h in Schritten von jeweils 20 km/h gesteigert. Die zugehörigen Ergebnisse sind in **Bild 4.8** dargestellt.

Es wird deutlich, dass sich der Luftwiderstandsbeiwert innerhalb einer festen Geschwindigkeitsstufe über der Zeit praktisch nicht verändert. Da die Reifentemperatur bei diesem Versuch jedoch in jeder Geschwindigkeitsstufe laufend zunimmt, kann sie nur einen unwesentlichen Einfluss auf die Reifengeometrie und damit auf die aerodynamischen Eigenschaften des Reifens haben. Die Maximaltemperatur des Reifens – gemessen mit einer Thermografiekamera auf der Reifenseitenwand – beträgt am Ende des Versuchs bei 200 km/h circa 50 °C und liegt damit circa 25 K über der Starttemperatur.

Weiterhin ist aus Bild 4.8 ersichtlich, dass sich der Luftwiderstand des Fahrzeugs bei jeder Geschwindigkeitssteigerung reduziert. Auf diesen Punkt wird später nochmals genauer eingegangen.

Messungen im AUDI-Windkanal

In einem zweiten Versuch sollte die Frage beantwortet werden, ob bei größeren Temperaturunterschieden der Temperatureinfluss so zunehmen kann, dass sich eine Auswirkung auf den Luftwiderstandsbeiwert zeigt. Dazu wurden die Reifen über Nacht auf -30 °C konditioniert und anschließend auf das Fahrzeug montiert. Da im Unterschied zum FWK die Radantriebe des Audi-Windkanals mit Polymerbändern arbeiten, erfolgt hier ein deutlich höherer Wärmeeintrag in die Reifen.

Nach Montage der konditionierten Reifen wurde eine Dauermessung bei 140 km/h gestartet. Die Reifentemperatur wurde während des Versuchsmittels einer Thermografiekamera auf der Reifenflanke gemessen und betrug beim Start der Messungen +10°C (d.h. bis zum Erreichen der Messgeschwindigkeit hatte bereits eine Temperaturerhöhung um 40 K stattgefunden). Nach circa 15 min Betrieb wurde bei einer Reifentemperatur von circa 60°C der Beharrungszustand erreicht. Auch bei diesen Messungen konnte – trotz der hohen Temperaturzunahme – keine Abhängigkeit des Luftwiderstands von der Reifentemperatur festgestellt werden.

4.1.4 Schlussfolgerungen

Zusammenfassend lässt sich für den Einfluss der „äußeren" Parameter auf die Aerodynamik des Reifens festhalten, dass vor allem der Reifendruck einen großen Einfluss auf die aerodynamischen Beiwerte eines Fahrzeugs ausüben kann. Daher muss sichergestellt sein, dass bei allen Messungen ein konstanter Reifendruck eingestellt ist, um eine Vergleichbarkeit der Ergebnisse zu gewährleisten. Im Rahmen dieser Arbeit wurde dafür ein gleichbleibender Reifendruck von 2,3 bar gewählt, der vor jeder Messung im kalten Zustand eingestellt wurde, sofern kein anderer Reifendruck erwähnt wird.

Der Einfluss der Fahrgeschwindigkeit ist für den Vergleich der Reifen zunächst nicht von Bedeutung, da alle Reifen bei der für aerodynamische Untersuchungen üblichen Geschwindigkeit von 140 km/h getestet wurden. Die Auswirkungen der Reifenverformungen müssen jedoch bedacht werden, wenn am Fahrzeug beispielsweise eine Reynoldsreihe gemessen wird.

Die Ergebnisse der Reifentemperaturuntersuchungen zeigen, dass hier kein messbarer Einfluss auf die aerodynamischen Eigenschaften vorliegt, weshalb auf eine aufwändige Konditionierung der Reifentemperatur vor jeder Messung verzichtet werden kann. Für die weiteren Untersuchungen im Rahmen dieser Arbeit wird die Reifentemperatur daher auch nicht weiter betrachtet.

4.2 Fahrzeugeinfluss

Die Strömung um die Räder eines Pkw wird zu einem großen Teil durch die Form des Fahrzeugs vorgegeben. So schirmen die Radhäuser mehr als die Hälfte des Reifens von der direkten Anströmung ab, und auch in der anderen Hälfte, in der sich der Reifen unterhalb des Fahrzeugs befindet, wird die Strömung von diesem beeinflusst: Es ist bekannt, dass speziell die Vorderräder durch die Verdrängung des Fahrzeugkörpers schräg nach außen angeströmt werden [83, 87]. Der Anströmwinkel kann sich dabei je nach Fahrzeug unterscheiden.

Weiterhin gibt es deutliche Unterschiede in der Strömung zwischen den Bereichen der Vorder- und Hinterräder und deren Einfluss auf die Aerodynamik des Fahrzeugs. So konnten Wickern et al. [82] zeigen, dass durch das Entfernen der Hinterräder der Widerstand am Fahrzeug stärker reduziert werden kann als durch das Entfernen der Vorderräder. Dieser scheinbare Widerspruch zu [83, 87] kann dadurch erklärt werden, dass nicht nur der Luftwiderstand der Räder selbst betrachtet werden darf, sondern auch die Beeinflussung der Umströmung des Gesamtfahrzeugs durch die Räder betrachtet werden muss. Dabei zeigt sich, dass die Hinterräder vor allem das Nachlaufgebiet und den Basisdruck des Fahrzeugs beeinflussen und damit einen großen Einfluss auf den Luftwiderstand haben können. Unter Einbezug dieser Ergebnisse ist es fraglich, ob eine fahrzeugunabhängige Optimierung des Reifens überhaupt möglich ist. Da Form und Größe der Radhäuser je nach Fahrzeug variieren, liegt die Vermutung nahe, dass sich die aerodynamischen Einflüsse eines Reifens je nach Fahrzeug unterschiedlich darstellen. Dies würde jedoch bedeuten, dass für jedes Fahrzeug die Reifen neu abgestimmt und optimiert werden müssten. Um dies zu untersuchen, wurden zunächst in einem Benchmark verschiedene Reifen auf unterschiedlichen Fahrzeugen vermessen, um so den Einfluss der Fahrzeugform auf die aerodynamische Performance des Reifens bestimmen zu können.

4.2.1 Benchmark

Bei der Auswahl der Benchmarkfahrzeuge wurde darauf geachtet, ein möglichst breites Spektrum verschiedener Fahrzeugsegmente abzudecken. Außerdem sollte die Serienbereifung aller Fahrzeuge nach Möglichkeit dieselbe Reifengröße aufweisen, um so für alle Fahrzeuge dieselben Reifen verwenden und die Fahrzeuge dennoch möglichst im Serienzustand messen zu können. Dabei wurde die Reifengröße 205/55 R16 als eine der zurzeit meistverkauften Reifengrößen für die Benchmarkuntersuchungen herangezogen.

Es wurden Fahrzeuge entsprechend **Tabelle 4.1** ausgewählt.

Tabelle 4.1:   Benchmarkfahrzeuge

Hersteller	Modell	Fahrzeugform
Audi	A4	Kombi
BMW	3er	Stufenheck
Ford	C-Max	Kompakt Van
Mercedes Benz	E-Klasse	Stufenheck
Opel	Insignia	Fließheck
Porsche	Cayman	Sportwagen
Skoda	Yeti	Sport Utility Vehicle (SUV)
Volkswagen	Golf	Kombi

Die gebräuchlichsten Karosserieformen Limousine und Kombi sind jeweils doppelt belegt; für die übrigen Segmente wurde jeweils ein Fahrzeug gemessen. Alle Fahrzeuge – mit Ausnahme des Porsche Cayman – haben gemeinsam, dass in der Basisversion die Reifengröße 205/55 R16 bzw. 205/60 R16 eingesetzt wird. Am Porsche Cayman sind zumindest auf der Vorderachse Reifen der Breite 205, serienmäßig, allerdings in Größe 205/55 R17. Auf der Hinterachse hingegen ist die Serienbereifung 235/50 R17. Dennoch wurde dieses Fahrzeug mit aufgenommen, um auch die Kategorie der Sportwagen untersuchen zu können, wenn auch in diesem Fall nicht mit der serienmäßigen Reifengröße.

Die Radaufnahmen der Fahrzeuge wurden so modifiziert, dass alle Fahrzeuge mit derselben Felge gemessen werden konnten. Damit kann eine Beeinflussung des Messergebnisses durch verschiedene Felgengeometrien ausgeschlossen werden. Auch eine Beeinflussung der Reifen durch häufige Montage und Demontage auf verschiedenen Felgen kann vermieden werden, da die Reifen für alle Messungen jeweils auf derselben Felge verbleiben.

Dies konnte erreicht werden, indem eine Felge mit extra großer Einpresstiefe zum Einsatz kam, die es ermöglicht, verschiedene Adapter an den Radaufnahmen zu verwenden und im Ergebnis dennoch die originale Einpresstiefe am Fahrzeug beizubehalten. Die eingesetzte Felge war eine Mercedes Benz Stahlfelge in der Dimension 6.5x16" ET 60, also mit einer Einpresstiefe von 60 mm. Dies bedeutet, dass im Gegensatz zu den Serienrädern der Fahrzeuge bis zu 30 mm Platz für verschiedene Adaptionen vorhanden ist.

Nachteilig an der verwendeten Felge ist jedoch, dass der Felgentopf aufgrund der Einpresstiefe sehr weit außen steht, was für die Aerodynamik nicht optimal ist. Dies wurde an dieser Stelle jedoch in Kauf genommen, um Einflüsse unterschiedlicher Felgen ausschließen zu können.

Untersuchte Reifen

Bei der Auswahl der Reifen für den Benchmark wurde darauf geachtet, dass diese möglichst unterschiedliche Eigenschaften aufweisen. Dazu gehören Reifen

- verschiedener Hersteller
- mit und ohne Notlaufeigenschaften
- mit und ohne Felgenschutzkante

Alle im Benchmark untersuchten Reifen sind Sommerreifen (205/55 R16) mit Geschwindigkeitsindex V (bis 240 km/h) und Lastindex 86 (Tragfähigkeit max. 530 kg). Die nachfolgende **Tabelle 4.2** gibt einen Überblick über die Benchmarkreifen:

Fahrzeugeinfluss

Tabelle 4.2: Übersicht der Benkmarkreifen

Hersteller	Bezeichnung	Anmerkungen
Michelin	Energy Saver	–
Michelin	Primacy HP	–
Michelin	Pilot Primacy ZP	Reifen mit Notlaufeigenschaften
Continental	PremiumContact SSR	Reifen mit Notlaufeigenschaften
Pirelli	P7	Felgenschutzkante
Bridgestone	Turanza ER 300	Felgenschutzkante
Dunlop	SP Sport Maxx	Stark ausgeprägte Felgenschutzkante

Ergebnisse der Benchmarkuntersuchungen

Die Ergebnisse der Messungen sind in **Bild 4.9** dargestellt. Die Fahrzeuge wurden dabei jeweils im FWK bei einer Geschwindigkeit von 140 km/h mit der standardmäßigen Bodensimulation gemessen. Um den Vergleich der Reifen untereinander zu ermöglichen, wurde für jedes Fahrzeug der Median aus allen

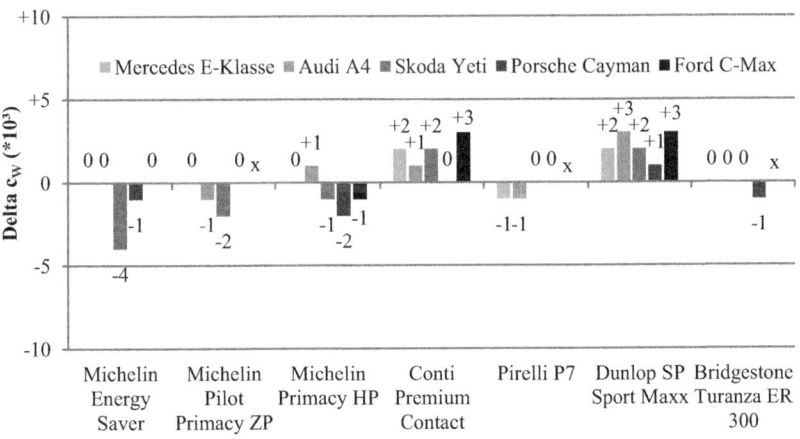

Referenz: Median aller Reifen eines Fahrzeugs, x = Reifen wurde nicht gemessen

Bild 4.9: Benchmarkergebnisse: Einfluss der Reifen auf verschiedenen Fahrzeugen auf den Luftwiderstand.

Ergebnissen gebildet und für jeden Reifen das Delta zum Median aufgetragen. Im Vergleich zu einem festen Referenzreifen bietet der Median eine größere Robustheit gegenüber eventuell auftretenden Ausreißern. Im Falle eines Ausreißers bei einem festen Referenzreifen sind alle Ergebnisse des Fahrzeugs betroffen, während beim Median jedoch nur der eine Reifen Abweichungen zeigt.

Zur besseren Übersichtlichkeit ist aus jedem Fahrzeugsegment nur jeweils eines der untersuchten Fahrzeuge dargestellt. Die Ergebnisse der übrigen Fahrzeuge sind jedoch vergleichbar. Auch wenn die Unterschiede zwischen den Reifen nicht besonders groß sind, können unabhängig vom Fahrzeug klare Tendenzen erkannt werden.

Während die meisten der untersuchten Reifen aerodynamisch auf vergleichbarem Niveau liegen, führen der Continental- und der Dunlop-Reifen zu erhöhten Luftwiderstandsbeiwerten an den verschiedenen Fahrzeugen.

Die Gründe für den erhöhten Luftwiderstand der beiden Reifen sind in ihrer Geometrie zu finden. In **Bild 4.10** ist eine Schnittdarstellung der beiden Reifen und zusätzlich, zum Vergleich, die Kontur des Michelin Energy Savers abgebildet, die dies verdeutlicht.

Bild 4.10: **Geometrievergleich verschiedener Benchmarkreifen. Unterschiede sind vor allem im Bereich unterhalb der Schulter (1) und der Felgenschutzkante (2) vorhanden.**

Während der Michelin Energy Saver eine sehr runde und gleichmäßige Form aufweist, ist unterhalb der Schulter des Continental-Reifens eine ausgeprägte Kante vorhanden (Bereich 1). Diese führt, wie später noch im Detail gezeigt wird, zur Strömungsablösung und damit zur Erhöhung des Luftwiderstands. Am Dunlop-Reifen sind zwei Auffälligkeiten erkennbar, die den Luftwiderstand negativ beeinflussen können: Zum einen befindet sich im Bereich 2 eine deutlich ausgeprägte Felgenschutzkante, die an den anderen Reifen nicht – oder nur in deutlich kleinerem Ausmaß - vorhanden ist, zum anderen ist der Reifen insgesamt circa 5 mm breiter als die übrigen Reifen. Auf den widerstandserhöhenden Einfluss der Reifenbreite wird später noch im Detail eingegangen.

Insgesamt zeigen die Ergebnisse, dass die aerodynamischen Eigenschaften des Reifens größtenteils unabhängig vom Fahrzeug sind, was die Grundvoraussetzung schafft, um einen Reifen fahrzeugunabhängig aerodynamisch zu optimieren. Weiterhin zeigen die Ergebnisse, dass die Fahrzeugreifen der verschiedenen Premiumhersteller heutzutage aerodynamisch meist auf vergleichbarem Niveau liegen.

4.2.2 Einfluss verschiedener Fahrzeugkonfigurationen

Als nächster Punkt sollen Einflüsse unterschiedlicher Fahrzeugkonfigurationen auf die aerodynamischen Unterschiede zwischen den Reifen gezeigt werden. Dazu wurden an den Fahrzeugen zum einen die Kühlluftöffnungen verschlossen, und zum anderen wurden zwei Sätze unterschiedlicher Radkappen montiert. Die erste Radkappe ist eine Mercedes Benz Standardradkappe passend zur Stahlfelge. Für die zweite Variante wurde die Radkappe so modifiziert, dass durch den Verschluss aller Öffnungen eine Durchströmung der Felge vollständig unterbunden wird (vgl. **Bild 4.11**).

Bild 4.11: Untersuchte Felgendesigns: Links: Stahlfelge ohne Abdeckung (Basis), Mitte: Stahlfelge mit Standard-Radkappe, rechts: Stahlfelge mit geschlossener Radkappe.

Die Unterschiede zwischen den Radkappenvarianten sind dabei gering, da auch die Standardradkappe in Verbindung mit den Stahlfelgen nur kleine Öffnungen aufweist. Die Geometrie der Stahlfelge ist aufgrund der großen Einpresstiefe so gestaltet, dass der Felgentopf etwas über den Reifen nach außen ragt.

Die Ergebnisse in **Bild 4.12** zeigen, dass die Fahrzeugkonfiguration ebenfalls nur einen geringen Einfluss auf die aerodynamische Performance der meisten Reifen hat. Das Anbringen der Radkappen zeigt lediglich am Dunlop SP Sport Maxx sowie am Brigdestone Turanza ER300 einen Einfluss auf den Widerstand des Reifens. Hier reduziert sich der Widerstand im Vergleich zum Median um circa zwei Punkte. Diese Reduktion des Widerstands im Vergleich zu den anderen Reifen kommt durch die Interaktion der in Bild 4.10 gezeigten Felgenschutzkante mit der Radkappe zustande. Die Radkappe steht an der Felge etwas nach außen über und schließt an diesem Reifen direkt mit der Felgenschutzkante ab, so dass hier eine plane Fläche entsteht. Damit wird der negative Einfluss der Felgenschutzkante auf den Widerstand deutlich reduziert. Am Bridgestone Turanza ist dies ebenfalls zu erkennen.

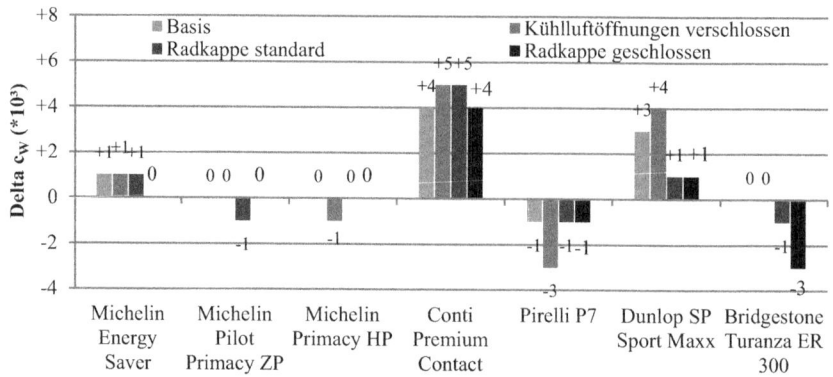

Bild 4.12: **Einfluss der Fahrzeugkonfiguration auf die aerodynamischen Eigenschaften der Reifen.**

Das Verschließen der Kühlluftöffnungen zeigt nur an einem der Reifen Auswirkungen. Der Widerstand des Pirelli P7 sinkt im Vergleich zum Durchschnitt um zwei Punkte. Der Grund dafür liegt in der geänderten Anströmung des Reifens. Durch die Kühlluft ändert sich der Anströmwinkel der Vorderräder, wie schon durch Wiedemann gezeigt [87]. Die Änderung des Anströmwinkels kann dazu führen, dass die Strömungsablösung am Reifen, in

Abhängigkeit von der Reifengeometrie, früher bzw. später auftritt, woraus sich dann entsprechende Widerstandsunterschiede zwischen den Reifen ergeben.

4.2.3 Einfluss der Vorder- und Hinterräder eines Fahrzeugs

Während – wie im vorangehenden Abschnitt gezeigt – die Grundform des Fahrzeugs keinen großen Einfluss auf die aerodynamische Performance des Reifens hat, beeinflusst die Position des Reifens am Fahrzeug und damit die lokale Strömung in den Radhäusern diese deutlich. Um dies darzustellen, wurden zwei Sätze Reifen, die stark unterschiedliche aerodynamische Eigenschaften aufweisen, auf identischen Felgen am Audi A4 im Windkanal gemessen. Dabei wurden jeweils achsweise die Reifen getauscht, so dass der Einfluss der Vorder- und Hinterachse bestimmt werden konnte. Die Ergebnisse dieser Untersuchungen sind in **Bild 4.13** dargestellt.

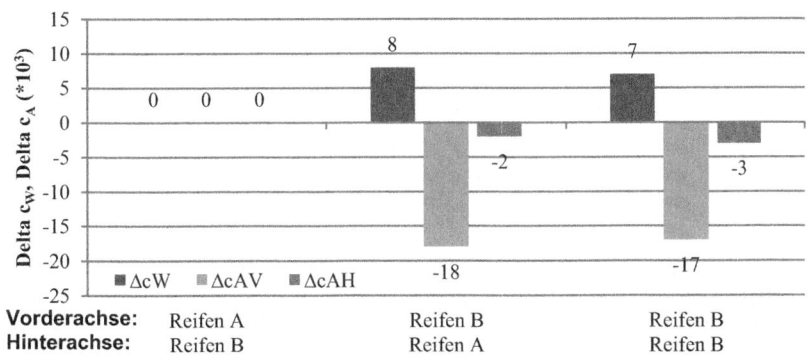

Fahrzeug: Audi A4 **Referenz**: Reifen Typ A auf VA/HA

Bild 4.13: **Einfluss der Reifen an der Vorder- und Hinterachse auf die aerodynamischen Beiwerte eines Fahrzeugs.**

Ausgehend von Bereifung Typ A auf beiden Achsen wurden zunächst die Reifen an der Hinterachse durch Reifentyp B ersetzt. Dies führte zu keinem messbaren Unterschied in den Beiwerten. Im nächsten Schritt wurden nun die Reifen achsweise getauscht. Dabei wurden sowohl Luftwiderstand als auch Vorderachsauftrieb deutlich beeinflusst. Im letzten Schritt wurden dann auch auf der Hinterachse Reifen vom Typ B aufgezogen. Auch hier zeigten sich im Vergleich zur vorhergehenden Messung keine Änderungen in den Ergebnissen.

Somit konnte gezeigt werden, dass die Form der Vorderräder maßgeblich für die aerodynamische Performance der Reifen verantwortlich ist, während die Hinterräder die Aerodynamik – zumindest in gewissen Grenzen – nicht beeinflussen. Dies steht im Gegensatz zu den Einflüssen der Raddrehung, die zu einem großen Teil durch die Hinterachse hervorgerufen werden, wie zum Beispiel Wickern [80] zeigen konnte. Während bei der Raddrehung vor allem das Nachlaufgebiet und der Druck auf der Fahrzeug-Basisfläche durch die Raddrehung an der Hinterachse beeinflusst wird, ist für die aerodynamische Performance der Reifen vor allem die direkte Anströmung der Reifen selbst verantwortlich.

Diese Anströmung der Vorder- und Hinterräder ist in **Bild 4.14** beispielhaft als Ergebnis einer CFD-Simulation dargestellt. Während die Vorderräder im unteren Bereich mit der vollen Fahrgeschwindigkeit des Fahrzeugs beaufschlagt werden, befinden sich die Hinterräder im Nachlaufgebiet der Vorderräder und werden daher mit deutlich geringeren Geschwindigkeiten angeströmt. Damit ist der Teilwiderstand der Hinterräder deutlich geringer als der der Vorderräder, und auch die Geometrie der Reifen hat hier geringere Auswirkungen auf die Umströmung.

Zusätzlich wird deutlich, dass die Vorderräder unter einem großen Winkel angeströmt werden, was zu einer Ablösung der Strömung auf der Außenseite des Reifens führt. Im Gegensatz dazu werden die Hinterräder nahezu gerade angeströmt und weisen auch deshalb einen geringeren Luftwiderstand im Vergleich zu den Vorderrädern auf. Dies wird im Folgenden noch detailliert beschrieben.

Bild 4.14: **CFD-Ergebnis: Anströmung der Vorder- und Hinterräder eines Fahrzeugs (Wind kommt von links).**

4.2.4   Einfluss der Fahrgeschwindigkeit

Die Basiskonfiguration aller Reifen wurde jeweils bei drei verschiedenen Geschwindigkeiten gemessen, um festzustellen, ob sich die aerodynamischen

Eigenschaften der Reifen bei verschiedenen Geschwindigkeiten unterschiedlich auswirken. Dargestellt in **Bild 4.15** sind Messungen des Skoda Yeti, an dem – aufgrund der größeren Deltas zwischen den Reifen – die Ergebnisse deutlicher erkennbar sind. Die Messwerte der anderen Fahrzeuge sind jedoch vergleichbar.

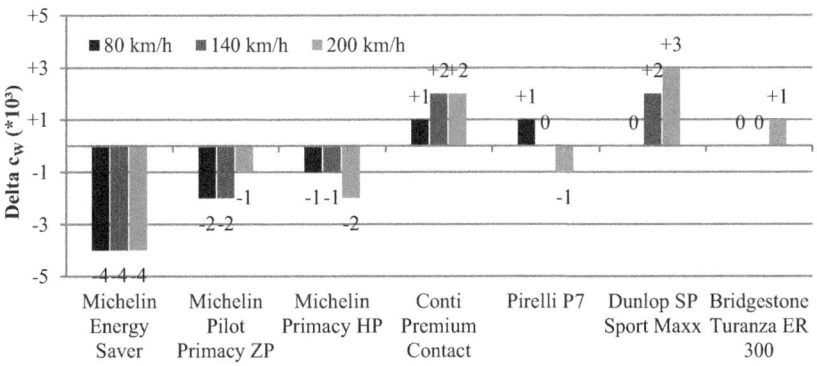

Bild 4.15: **Einfluss der Fahrgeschwindigkeit auf die aerodynamische Performance des Reifens am Skoda Yeti.**

Das Delta des Luftwiderstandsbeiwerts zwischen verschiedenen Reifen ändert sich mit der Geschwindigkeit im Allgemeinen nicht. Grund dafür ist, dass die Reifen ihre Geometrie mit der Geschwindigkeit sehr wohl verändern, diese Geometrieänderung jedoch bei allen Reifen vergleichbar ist. Messungen der Reifenbreite sowie des Abstands der Achse zum Boden haben gezeigt, dass die Räder ihre Geometrie bis zu einer Geschwindigkeit von circa 100 km/h nur wenig verändern. Anschließend nimmt die Breite des Reifens mit steigender Geschwindigkeit immer stärker ab und der Durchmesser des Reifens wächst gleichzeitig an. **Bild 4.16** zeigt das Ausmaß der Geometrieänderungen der Benchmarkreifen, gemessen am Skoda Yeti im Audi-Windkanal. Die Verformung der Reifen mit Notlaufeigenschaften (Michelin Pilot Primacy ZP sowie Continental Premium Contact SSR) ist dabei vor allem bei hohen Geschwindigkeiten geringfügig kleiner als die der übrigen Reifen im Benchmark, wobei die Größenordnung der Verformung für alle Reifen dennoch vergleichbar ist.

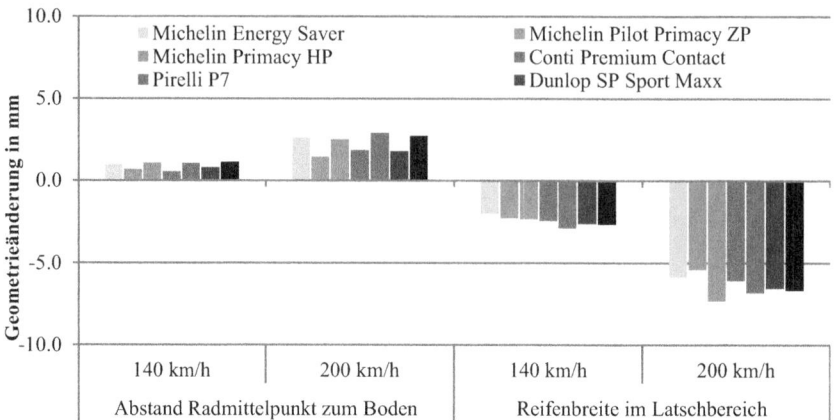

Bild 4.16: Geometrieänderungen der Benchmarkreifen bei verschiedenen Geschwindigkeiten bezogen auf die Geometrie bei 80 km/h am Skoda Yeti.

Die mit steigender Geschwindigkeit zunehmende Änderung der Reifengeometrie kann jedoch einen wichtigen Einfluss auf die Aerodynamik des Fahrzeugs haben, wie im Folgenden noch detaillierter gezeigt wird.

4.2.5 Schlussfolgerungen

Die Messungen des Benchmarks zeigen, dass die aerodynamischen Eigenschaften des Reifens größtenteils unabhängig vom Fahrzeug sind und durch die Reifen an der Vorderachse definiert werden. Dies bietet die Möglichkeit, die weiteren Untersuchungen zunächst auf ein einzelnes Fahrzeug zu konzentrieren, um so bei gleicher Messzeit mehr Parameter am Reifen untersuchen zu können, als dies bei paralleler Untersuchung aller Testfahrzeuge möglich wäre. Für die weiteren Untersuchungen wurde hauptsächlich der Audi A4 Kombi eingesetzt, für einige Messungen wurde zusätzlich der Ford C-Max herangezogen.

4.3 Windkanaleinfluss

Da die Untersuchungen nicht nur in einem Windkanal stattfanden, sondern auf drei Kanäle verteilt wurden, musste die Frage geklärt werden, ob sich die Unterschiede zwischen unterschiedlichen Reifen in verschiedenen Windkanälen gleich darstellen. Dieser Punkt ist vor allem aufgrund der unterschiedlichen Laufbandsysteme, die in den Windkanälen eingesetzt werden, von Bedeutung.

Zur Klärung dieser Fragestellung wurden am selben Fahrzeug die sieben unterschiedlichen Reifen in den drei Windkanälen gemessen. Die Ergebnisse sind in **Bild 4.17** dargestellt.

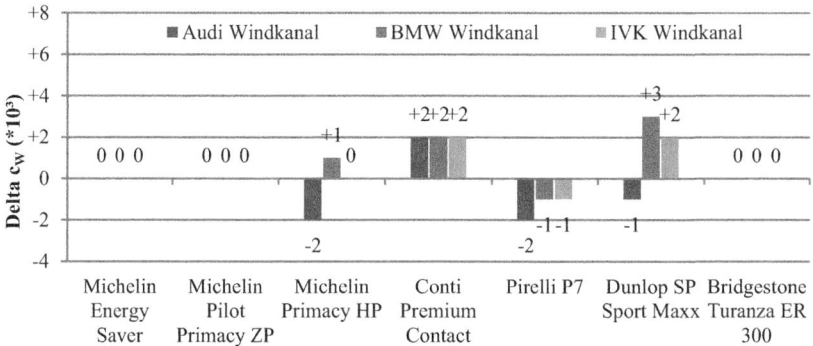

Bild 4.17: Unterschiede im Luftwiderstand bei verschiedenen Benchmarkreifen auf der Mercedes E-Klasse in den verschiedenen Windkanälen.

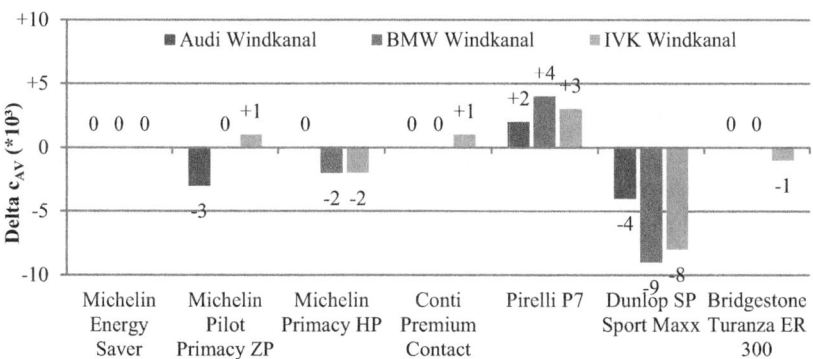

Bild 4.18: Unterschiede im Vorderachsauftrieb verschiedener Benchmarkreifen auf der Mercedes E-Klasse in den Windkanälen von Audi, BMW und IVK.

Für alle Windkanäle ergibt sich im gemessenen Luftwiderstand eine sehr gute Übereinstimmung zwischen den Reifen. Lediglich der Dunlop und der Michelin Primacy HP zeigen im Audi-Windkanal ein von den Messungen in den

anderen Kanälen abweichendes Ergebnis. Der Grund für dieses singuläre Verhalten konnte allerdings nicht ermittelt werden.
Bild 4.18 und **Bild 4.19** zeigen die Vorder- und Hinterachsauftriebe der unterschiedlichen Reifen in den verschiedenen Windkanälen. Auch hier ergibt sich eine sehr gute Übereinstimmung zwischen den Windkanälen.

Im Vergleich der Reifen ergibt sich, dass der Pirelli P7, der in Bezug auf den Luftwiderstandsbeiwert noch überdurchschnittlich niedrige Werte aufwies, zum größten Auftrieb am Fahrzeug führt. Der Dunlop SP Sport Maxx hingegen, mit einem höheren Luftwiderstand als der Durchschnittsreifen, führt an der E-Klasse zum geringsten Auftrieb.

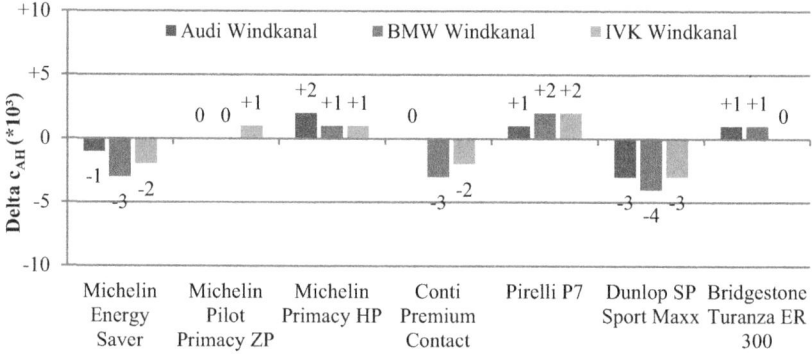

Fahrzeug: Mercedes E-Klasse, Referenz: Median aller Reifen eines Windkanals

Bild 4.19: **Unterschiede im Hinterachsauftrieb verschiedener Benchmarkreifen auf der Mercedes E-Klasse in den Windkanälen von Audi, BMW und IVK.**

Für die weitergehenden Untersuchungen war es mit diesen Ergebnissen möglich, die Deltas zwischen unterschiedlichen Reifen, die in verschiedenen Windkanälen gemessen wurden, direkt miteinander zu vergleichen. Eine Betrachtung der Absolutwerte wird dabei nicht vorgenommen, da sich diese zum Beispiel aufgrund von Windkanaleffekten durchaus unterscheiden können [14].

4.4 Geometrische Parameter am Reifen

In den nachfolgenden Abschnitten werden die Einflüsse unterschiedlicher geometrischer Parameter am Reifen auf den Luftwiderstand eines Fahrzeugs aufgezeigt. Einige der Parameter konnten dabei an Serienreifen untersucht werden, während für andere spezielle Prototypenreifen gefertigt wurden. Neben den

Messungen im Windkanal bietet die CFD-Simulation hier die Möglichkeit, Wirkungsweisen einzelner Parameter zu identifizieren und so ein Verständnis für die Wirkmechanismen zu gewinnen.

4.4.1 Referenzreifen

Für die Vergleichbarkeit der Ergebnisse untereinander ist es wichtig, dass die Untersuchungen jeweils unter gleichen Randbedingungen stattfinden. Dazu zählt auch die Nutzung einer Referenz, auf die unterschiedliche Messungen bezogen werden.

Der Michelin Energy Saver ist ein Reifen, der im Rahmen des Benchmarks aerodynamisch zu den besten Reifen zählte. Dieser Reifen bildet daher die Grundlage für einen Referenzreifen, der im Rahmen der Parameterstudie – wenn möglich – herangezogen wurde. Ausgehend vom Energy Saver wurde ein Reifen gefertigt, der die gleiche Struktur und Außengeometrie hat, jedoch eine glatte Seitenwand und ein glattes Profil (Slick) aufweist. Dies bietet den Vorteil, verschiedene Parameter am Reifen modifizieren zu können, ohne dabei den übrigen Reifen verändern zu müssen. Besäße der Reifen ein Profil, müsste dieses beispielsweise bei Änderungen der Reifenschulter auch angepasst werden, wodurch bereits zwei Parameter verändert würden. Zusätzlich bietet der vereinfachte Reifen auch Vorteile in der Fertigung. Basierend auf dem Referenzreifen wurden folgende Parameter modifiziert:

- Kontur der Reifenschulter
- Bauchigkeit der Seitenwand
- Beschriftung auf der Seitenwand
- Felgenschutzkanten
- Profil

Zusätzliche Parameter wurden an Serienreifen oder an seriennahen Reifen untersucht. Dazu zählen die Reifenbreite und die Seitenwandbeschriftung.

4.4.2 Reifenschulter

Zur Untersuchung des Einflusses der Reifenschulter wurden zwei auf dem Referenzreifen basierende Varianten angefertigt. Bei der ersten Variante wurde im Bereich der Schulter zusätzliches Material aufgetragen, um die Schulter weiter nach außen zu ziehen. Dadurch wird die Breite der Lauffläche vergrößert und der Radius an der Schulter reduziert. Die Gesamtbreite des Reifens bleibt unverändert. Für die zweite Variante wurde die erste Variante an der Schulter so beschnitten, dass eine deutliche Ecke im Schulterbereich entsteht.

In **Bild 4.20** sind beide Varianten im Bild und als Schnittdarstellung abgebildet. An den Rändern der Schnittdarstellung ist erkennbar, dass die Geometrie der Reifen im Bereich außerhalb der Reifenschulter sehr gut übereinstimmt und sich nur die Schulter selbst – der Bereich, der untersucht werden soll – unterscheidet. Damit ist sichergestellt, dass die Messergebnisse nicht durch andere Unterschiede am Reifen beeinflusst werden.

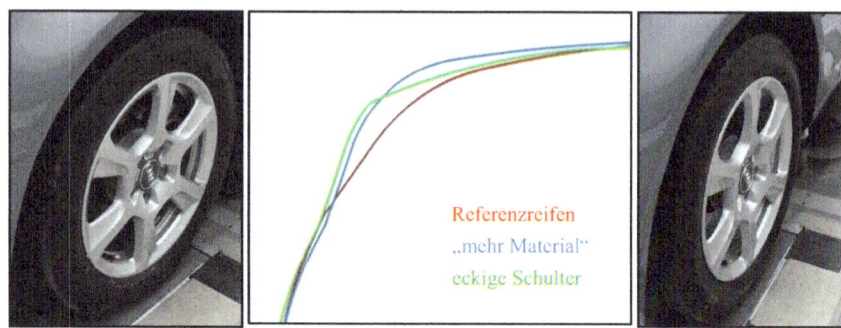

Bild 4.20: Reifen mit unterschiedlicher Schultergestaltung, links: Reifen mit mehr Material im Schulterbereich, Mitte: Schnitte durch die unterschiedlichen Reifenschultern, rechts: Reifen mit eckiger Schulter.

Windkanalmessungen der Reifen mit den unterschiedlichen Schultervarianten ergaben, dass die Reifenschulter einen deutlichen Einfluss auf die Aerodynamik des Reifens hat. Die Veränderung der Schulter führt bei beiden Varianten zu einer Erhöhung des Luftwiderstands, in der Größenordnung von bis zu $\Delta c_W = 0{,}006$. Vor allem die eckige Schulter zeigte eine deutliche Verschlechterung des Luftwiderstands im Vergleich zur Geometrie des Referenzreifens.

Weiterhin konnte gezeigt werden, dass die Auswirkungen der Schultergeometrie durch die Gestaltung der Felge beeinflusst werden. Dazu wurden die Reifen auf Stahl- und Leichtmetallfelgen gemessen. Zusätzlich wurden beide Felgentypen abgedeckt, um eine Durchströmung der Felge zu unterbinden. Während die Leichtmetallfelge glattflächig geschlossen wurde, kam bei der Stahlfelge die geschlossene Radkappe aus den Benchmarkuntersuchungen zum Einsatz (Bild 4.11), deren Außenkontur jedoch nicht plan ist.

Bild 4.21 zeigt den Einfluss der Schulter bei verschiedenen Felgenkonfigurationen. Insbesondere beim Reifen mit mehr Material an der Schulter werden Einflüsse der Felge deutlich. Hier ergibt sich bei Messungen mit der Stahlfelge der gleiche Luftwiderstand wie beim Referenzreifen, während bei der glatt abgedeckten Leichtmetallfelge ein Unterschied von $\Delta c_W = 0{,}006$ gemessen wird.

Geometrische Parameter am Reifen 59

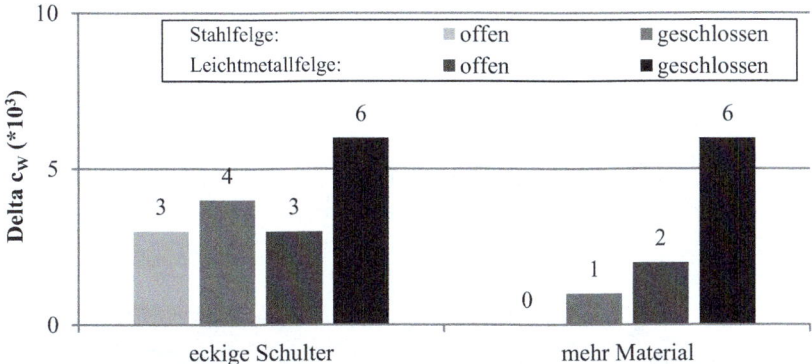

Konfiguration: Audi A4, Audi Leichtmetallfelgen, Referenz: Referenzreifen

Bild 4.21: **Einfluss der Felgen bei verschiedenen Reifengeometrien auf den Luftwiderstand des Reifens.**

Der Einsatz von CFD liefert eine anschauliche Begründung dieser Ergebnisse. Der Referenzreifen und der Reifen mit eckiger Schulter wurden hierfür mit offener und abgedeckter Leichtmetallfelge simuliert, und die Simulationsergebnisse (**Bild 4.22**) zeigen den Grund für den unterschiedlichen Felgeneinfluss deutlich auf. Während beim Referenzreifen, der über eine gerundete Schulter verfügt, die Strömung um die Schulter anliegend bleibt, reißt die Strömung an der Kante des Reifens mit eckiger Schulter ab, woraufhin sich ein großes Ablösegebiet neben dem Reifen ausbildet. Da die Felge innerhalb dieses Ablösegebiets liegt, ist deren Gestaltung für die Strömung zweitrangig und der Luftwiderstand ändert sich durch das Abdecken der Felge beim Reifen mit eckiger Schulter nicht. Beim Referenzreifen hingegen führt die Abdeckung der Felge zu einem signifikanten Unterschied, da nun die Geometrie der Felge einen deutlichen Einfluss auf das Strömungsfeld hat. Das Delta zwischen den beiden Reifen wird demnach bei glattflächiger Abdeckung vergrößert, da hier die Vorteile des strömungsgünstigen Reifens mehr zum Tragen kommen.

Die Simulationen zeigen, dass die Ablösung der Strömung an der äußeren Reifenschulter einen wichtigen Beitrag zu den aerodynamischen Eigenschaften des Reifens liefert. Die äußere Reifenschulter ist vor allem deshalb wichtig, da der Anströmwinkel der Vorderräder nach außen gerichtet ist, wie bereits in Abschnitt 4.2 angesprochen wurde. Die innere Schulter hingegen ist in Bezug auf die Ablösung unkritisch, wie auch in Bild 4.22 gut erkennbar ist.

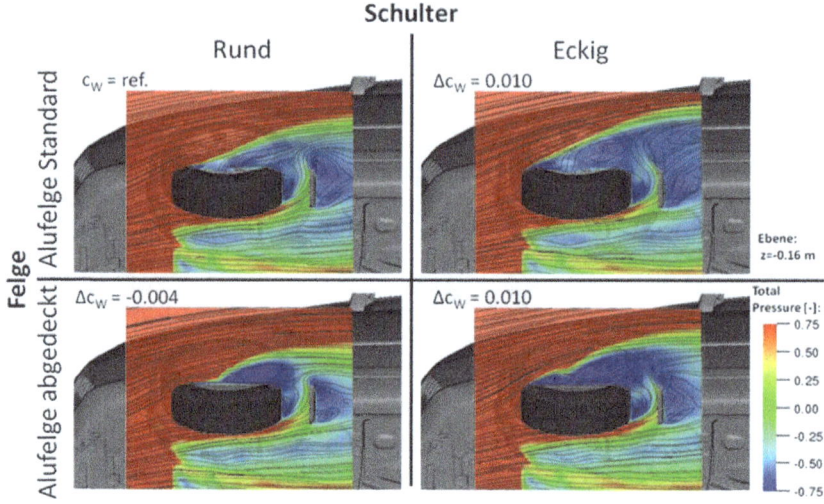

Bild 4.22: CFD-Ergebnis: Umströmung des Reifens bei unterschiedlichen Geometrien der Reifenschulter und verschiedenen Felgen.

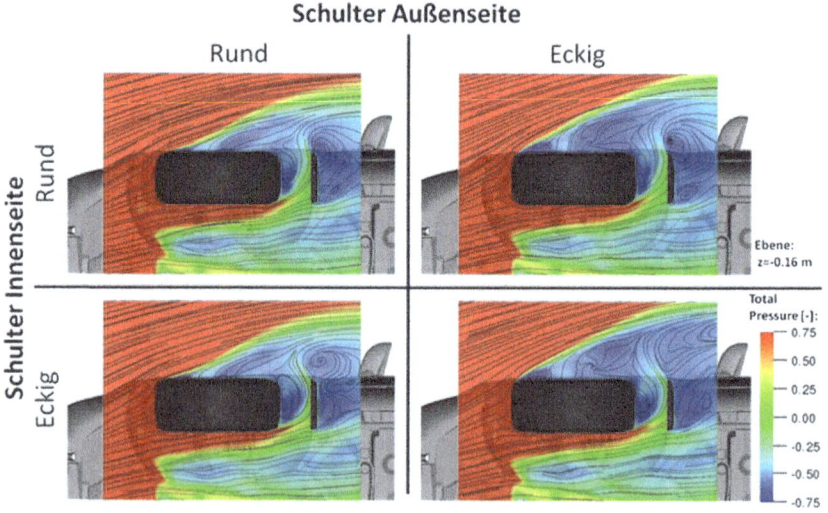

Bild 4.23: CFD-Ergebnis: Umströmung des Reifens bei verschiedenen Schultervarianten.

Dass die Form der inneren Schulter allenfalls einen geringen Anteil an der aerodynamischen Performance des Reifens hat, konnte durch weitere CFD-Simulationen bestätigt werden. Ausgehend vom Referenzreifen wurde die Form der eckigen Schulter zunächst nur auf der Innenseite des Reifens angebracht und anschließend nur auf der äußeren. Am auf der Innenseite veränderten Reifen zeigte sich keine Veränderung im Luftwiderstand gegenüber dem Referenzreifen. Die Variante mit „eckiger" Außenseite hingegen entspricht hinsichtlich des Luftwiderstands dem Reifen mit beidseitig eckiger Schulterform, wie er auch im Experiment zu Einsatz kam. Das Strömungsfeld um die Reifen, das in **Bild 4.23** dargestellt ist, verdeutlicht dies noch einmal.

Die Ablösung an der äußeren Reifenschulter wird damit vor allem von zwei Parametern bestimmt. Zum einen ist dies die Geometrie des Reifens mit gegebenenfalls vorhandenen Ecken oder Kanten, und zum anderen ist es der Anströmwinkel am Reifen, der dazu führt, dass die Strömung der Schultergeometrie des Reifens noch folgen kann oder an einem Punkt entlang der Schulter ablöst. Dieser zweite Parameter kann im Windkanal auf einfache Weise dadurch beeinflusst werden, dass das Fahrzeug in der Strömung gedreht wird. Die Ergebnisse einer entsprechenden Untersuchung sind in **Bild 4.24** dargestellt.

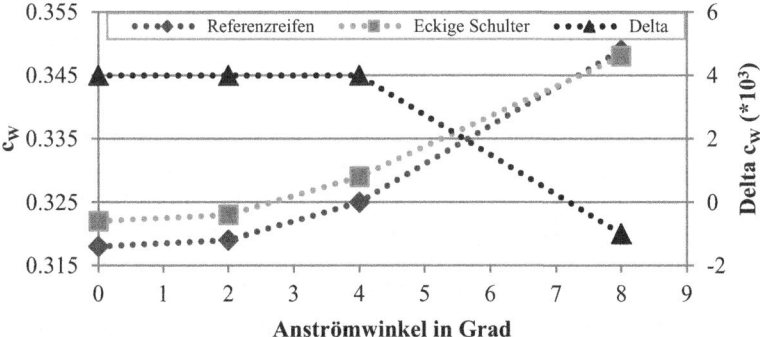

Konfiguration: Audi A4, Audi Leichtmetallfelgen

Bild 4.24: **Einfluss des Fahrzeug-Anströmwinkels auf die Unterschiede in den Widerstandswerten zwischen verschiedenen Reifen.**

Das Delta zwischen den beiden Reifen bleibt bis 4° Fahrzeuganströmwinkel konstant. Wird der Winkel weiter vergrößert, kann die Strömung selbst der gerundeten Schulter des Referenzreifens nicht mehr folgen und löst auch hier ab. Damit ist bei 8° Anströmwinkel zwischen beiden Reifen innerhalb der Messgenauigkeit kein Unterschied im Luftwiderstand mehr vorhanden.

Die vorgestellten Untersuchungen zeigen, dass bei der Auslegung der Reifenschulter im Hinblick auf die Aerodynamik vor allem die äußere Reifenseite betrachtet werden muss. Bereits kleine Ecken oder Kanten können dazu führen, dass die Strömung an der Schulter ablöst, was zu einem deutlichen Anstieg des Luftwiderstands führt. Die Reifenschulter sollte daher keine Ecken oder Kanten aufweisen, und der Schulterradius sollte möglichst groß sein, so dass die Strömung entlang der Schulterkontur anliegend bleibt. Zusätzlich sollte auch die Felge entsprechend gestaltet sein, um sicherzustellen, dass der Einsatz eines aerodynamisch günstigen Reifens nicht durch eine aerodynamisch ungünstige Felge zunichte gemacht wird.

4.4.3 Reifenbreite

Ein Einfluss der Reifenbreite auf die Aerodynamik wurde in der Vergangenheit bereits mehrfach diskutiert. Auch die Ergebnisse der im Rahmen dieser Arbeit durchgeführten Benchmarkmessungen deuten darauf hin, dass der Luftwiderstand durch eine größere Reifenbreite ansteigt. Jedoch haben alle bisherigen Veröffentlichungen gemein, dass die Rahmenbedingungen der Untersuchungen nicht klar definiert oder in den Veröffentlichungen zumindest nicht dargestellt sind. Teilweise wurden auch von vornherein Reifen unterschiedlichen Typs miteinander verglichen und die Ergebnisse lediglich auf die unterschiedliche Reifenbreite bezogen. Dies hat zur Folge, dass die Ergebnisse nicht zweifelsfrei nur auf den Parameter Reifenbreite zurückgeführt werden können.

Aus diesem Grund wurden in der vorliegenden Arbeit zunächst zwei Reifen identischen Typs und Größe, die aufgrund der vom Gesetzgeber her möglichen Reifentoleranzen mit unterschiedlicher Breite gefertigt wurden, miteinander verglichen (vgl. **Bild 4.25**). Mit dieser Konfiguration soll sichergestellt werden, dass ein gemessener Unterschied im Luftwiderstand durch die Änderung der Reifenbreite hervorgerufen und nicht durch andere Faktoren beeinflusst wird. Dies kann jedoch nicht vollständig gewährleistet werden, da sich durch die größere Breite auch der Radius der Reifenschulter geringfügig vergrößert. Wie im letzten Abschnitt dargestellt, könnte dies zu einer Verbesserung des Luftwiderstands des breiteren Reifens frühen. Der Unterschied in der Reifenbreite zwischen den beiden Reifen beträgt 10 mm bei einer Reifengröße von 205/55 R16.

Die Messung beider Reifen ergab eine Erhöhung des Luftwiderstands durch den breiteren Reifen um $\Delta c_W = 0{,}006$, wobei die Sirnflächenänderung unberücksichtigt blieb. Das heißt die gesamte Änderung der Luftwiderstandskraft wird hier aus Gründen der Anschaulichkeit dem c_W-Wert „zugeschlagen". Sollte ein Einfluss der geänderten Schulterform vorhanden sein, so würde dies noch einen größeren Einfluss der Reifenbreite zur Folge haben. Dies kann jedoch Messtechnisch nicht nachgewiesen werden, da sich beide Parameter nicht vollständig trennen lassen.

Bild 4.25: Schnittdarstellung zweier untersuchter Reifen gleichen Typs mit einem Unterschied der Reifenbreite von 10 mm und Reifenprofil der beiden Reifen (oben: breiterer Reifen, unten: schmalerer Reifen).

Zur weiteren Untersuchung des Breiteneinflusses wurden Reifen gleichen Typs in verschiedenen Verkaufsgrößen herangezogen. Neben der Referenzgröße 205/55 R16 wurde ein Reifen mit geringerer Breite (195/60 R16) und ein Reifen mit größerer Breite (225/50 R16) gemessen. Die Reifen waren alle auf derselben Stahlfelge (Größe 6,5J16) montiert, um Einflüsse der Felge auszuschließen. Die Durchmesser der Reifen sind vergleichbar.

Während sich die nominalen Breiten der Reifen um 10 mm bzw. 20 mm vom Referenzreifen unterscheiden, zeigt die Messung der Reifenbreite sowohl unter statischen Bedingungen als auch unter Raddrehung bei 140 km/h im Windkanal eine Differenz von lediglich 5 mm bzw. 10 mm, was teilweise wiederum auf die zulässigen Toleranzen lt. ETRTO zurückzuführen ist. Weiterhin wird die Breite des Reifens auch durch die Breite der Felge beeinflusst. Die für die Messungen gewählte Felgenbreite entspricht der ETRTO-Messfelge für den 205er-Reifen. Für die anderen Reifengrößen ist diese Felge ebenfalls zulässig, entspricht jedoch nicht der Referenzgröße, daher kann es hier zu Abweichungen von der angegebenen Reifenbreite kommen, da beispielsweise die Abnahme des 225er Reifens auf einer breiteren Messfelge erfolgt.

Um eine allgemeine Aussage über den Einfluss der Reifenbreite treffen zu können, wurden die Reifen in verschiedenen Konfigurationen (verschiedene Fahrzeuge, unterschiedliche Ausführung der Felge) auf verschiedenen Fahrzeugen gemessen. Die Ergebnisse zeigt **Bild 4.26**. Es ist auch hier eine klare Abhängigkeit des Luftwiderstands von der Reifenbreite erkennbar, die für alle untersuchten Konfigurationen vergleichbar ist. Wie auch bei den beiden Reifen gleichen Typs beträgt die Änderung des Luftwiderstands hier $\Delta c_W \approx 0{,}006$ pro 10 mm Reifenbreitenänderung.

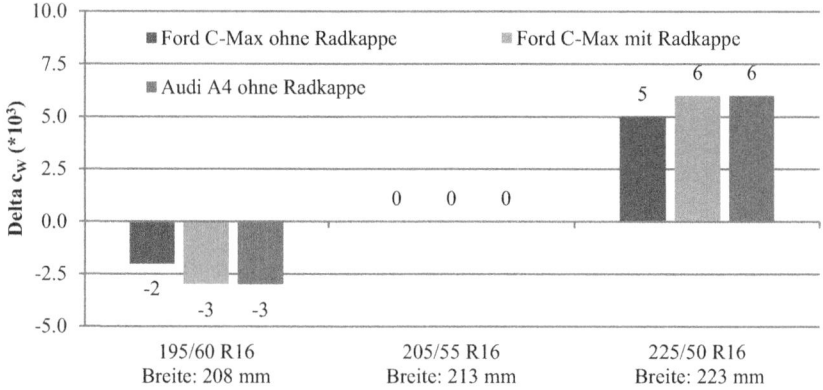

Bild 4.26: **Einfluss der Reifenbreite auf den Luftwiderstand, gemessen an verschiedenen Fahrzeugen in unterschiedlichen Konfigurationen.**

Auch bei diesen Messungen kann jedoch nicht ausgeschlossen werden, dass sich die Schulterform der Reifen verändert und einen Einfluss auf die Ergebnisse hat. Um dies genauer zu untersuchen, wurde in einer CFD-Simulation ein Reifen in der Mitte aufgetrennt und um 5 mm verbreitert. Damit ist gewährleistet, dass die Schulterform nicht verändert wird und die Unterschiede rein durch die geänderte Breite hervorgerufen werden. Die Reifen wurden in der Simulation so positioniert, dass die Außenseite der Reifen sich an derselben Position befindet.

Die Ergebnisse der Simulation zeigen einen Anstieg des Luftwiderstandsbeiwerts um $\Delta c_W = 0{,}004$ durch die Verbreiterung des Reifens und damit ein Ergebnis in derselben Größenordnung wie bei den Messungen ermittelt wurde. Ein Einfluss der Schulterform bei den Messungen der Reifen unterschiedlicher Breite auf den Luftwiderstand ist demnach unwahrscheinlich und die gemessenen Werte können der Breitenänderung des Reifens zugeschrieben werden.

Im Gegensatz zu den übrigen geometrischen Eigenschaften der Reifen hat die Reifenbreite sowohl an der Vorder- als auch an der Hinterachse Einfluss auf den Luftwiderstand. Der Einfluss der Vorderachse ist, wie anhand verschiedener CFD-Simulationen gezeigt werden konnte, ungefähr doppelt so groß.

Als Hauptursache für den Luftwiderstandsanstieg konnten die Gebiete vor und hinter dem Reifen, die sich unterhalb der Karosserie befinden, identifiziert werden. Vor dem Rad vergrößert sich mit zunehmender Reifenbreite das Aufstaugebiet, in dem ein hoher Druck (an der Vorderachse $c_P > 0,8$) auf den Reifen wirkt. Zusätzlich sinkt der Druck im Nachlauf des Reifens ab, was ebenfalls zu einem Anstieg des Luftwiderstands führt. An der Hinterachse geschieht dies in abgeschwächter Form, da die Räder hier mit geringerer Geschwindigkeit angeströmt werden.

Die Ergebnisse zur Untersuchung der Reifenbreite bestätigen weiterhin, dass auch der Einfluss des Reifeninnendrucks sowie der Fahrgeschwindigkeit auf den Luftwiderstand zu einem großen Teil auf die dabei entstehende Änderung der Reifenbreite zurückzuführen ist. Eine aus der Variation des Fülldrucks resultierende Änderung der Reifenbreite im Latschbereich um 10 mm führt, wie im Abschnitt 4.1.1 bereits dargestellt wurde, ebenfalls zu einer Änderung des Luftwiderstands von $\Delta c_W \approx 0,006$.

4.4.4 Bauchigkeit der Seitenwand

Der nächste untersuchte Parameter ist die Grundform der Seitenwand. Ausgehend vom Referenzreifen wurde diese in zwei extremen Varianten, einmal deutlich bauchiger und einmal möglichst schlank, ausgeführt. Die Konturen der Reifen sind in **Bild 4.27** im Schnitt dargestellt. Auch hier ist nochmals gut erkennbar, dass sich die Reifen nur in diesem einen Parameter unterscheiden und die Geometrie ansonsten übereinstimmt.

Die Form der Seitenwand zeigt beim Serienfahrzeug nur geringe Auswirkungen. Die deutliche Ausbeulung der Seitenwand erhöht den Luftwiderstand lediglich um $\Delta c_W = 0,002$, während die schlankere Form keine Änderung im Vergleich zum Referenzreifen bewirkt. Dies widerspricht zunächst den Untersuchungen zum Einfluss der Reifenbreite, da durch die schlankere Seitenwand auch die Breite des Reifens abnimmt. Allerdings ist die Seitenwand durch die geringeren Materialmengen auch weniger steif, wodurch die Verformung im Latschbereich etwas zunimmt und dadurch der Unterschied in der Reifenbreite im Vergleich zum Referenzreifen abnimmt.

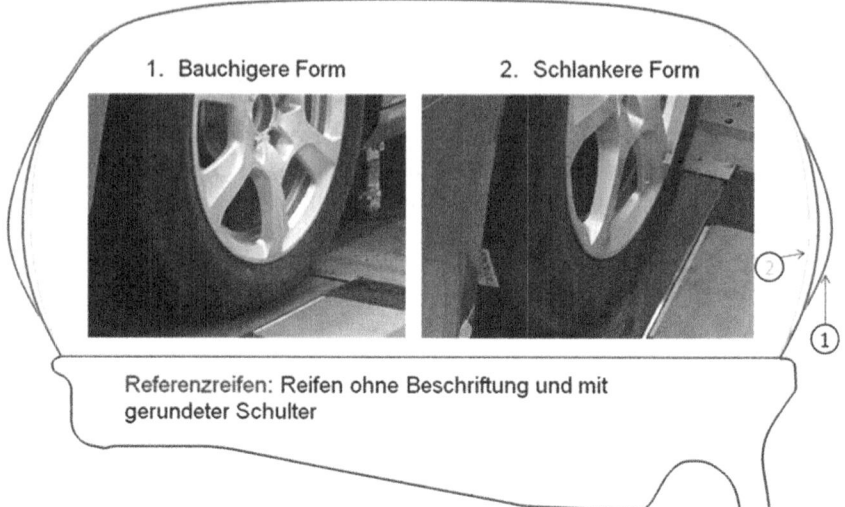

Bild 4.27: Prototypenreifen mit unterschiedlicher Bauchigkeit der Seitenwand, basierend auf dem Referenzreifen (rot).

Wird an der Vorderachse eines Fahrzeugs jedoch die Spurweite vergrößert, so dass die Flanke des Reifens seitlich aus dem Radhaus hervorsteht, dann steigt der Einfluss der Seitenwandgeometrie stark an. Der bauchige Reifen führt im Vergleich zum Referenzreifen bei einer Spurverbreiterung von 15 mm an der Vorderachse zu einem Anstieg im Luftwiderstand um $\Delta c_W = 0{,}007$. Die Einflüsse des schlankeren Reifens bleiben jedoch auch hier vernachlässigbar. Eine Verbreiterung der Spur an der Hinterachse um 18 mm ergibt keine Änderung des Deltas zwischen den Reifen, was wiederum darauf schließen lässt, dass der Einfluss unterschiedlicher Reifengeometrien an der Hinterachse vernachlässigbar ist.

Insgesamt nimmt im Hinblick auf die Aerodynamik des Reifens die Bauchigkeit der Reifenschulter nur eine untergeordnete Rolle ein, da in der serienmäßigen Einbauposition des Rades nur geringe Einflüsse auf den Luftwiderstand vorhanden sind und diese auch nur dann bemerkbar werden, wenn die Seitenwand extrem nach außen überwölbt wird. Im Bereich des bestehenden Gestaltungsspielraums für die Seitenwand eines Serienreifens hat dieser Parameter damit keine nennenswerten Auswirkungen auf die aerodynamischen Beiwerte.

4.4.5 Reifenbeschriftung

Zur Untersuchung des Einflusses der Reifenbeschriftung wurde basierend auf dem Referenzreifen zunächst eine generische Beschriftungsvariante entworfen. Diese besteht aus 160 quaderförmigen Blöcken mit Abmessungen von je 1,5 mm Höhe, 1,5 mm Breite und 30 mm Länge, die gleichmäßig im Bereich der „kommerziellen Zone" (vgl. Abschnitt 2.2) auf einer der Seitenwände des Reifens verteilt sind. Neben den fertigungstechnischen Vorteilen dieser Beschriftungsvariante bietet sich damit vor allem die Möglichkeit, später durch das Entfernen einzelner Blöcke die Beschriftung definiert modifizieren zu können. Außerdem kann durch den symmetrischen Aufbau des Reifens die Beschriftung sowohl auf der Innen-, als auch auf der Außenseite des Reifens getestet werden.

Wird der Reifen mit der Beschriftung nach innen montiert, so ergibt sich eine ähnliche Konfiguration zu der von Yokohama [94] vorgestellten, mit der sich laut Angaben des japanischen Herstellers der Luftwiderstand eines Fahrzeugs deutlich reduzieren lässt (vgl. Kapitel 2.5.1).

Eine zweite Beschriftungsvariante besteht aus den gleichen Blöcken, die jedoch nicht auf die Seitenwand aufgesetzt, sondern in den Reifen „eingraviert" sind, so dass trotz vorhandener Reifenbeschriftung keine überstehenden Geometrien auf der Seitenwand vorhanden sind. Beide Varianten sind in **Bild 4.28** abgebildet.

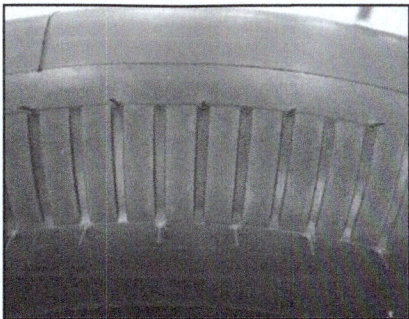

Bild 4.28: **Reifen mit generischer Beschriftung auf der Seitenwand. Links: Aus dem Reifen hervorstehende Beschriftung (positiv), rechts: In den Reifen eingravierte Beschriftung (negativ).**

Im Vergleich zum Referenzreifen erhöht sich der Luftwiderstand beim Einsatz des Reifens mit hervorstehender Beschriftung auf der Außenseite um $\Delta c_W = 0{,}003$. Wird der Reifen hingegen so montiert, dass sich die Beschriftung auf der Innenseite des Reifens befindet, reduziert sich zwar der negative Einfluss der Beschriftung deutlich und es kommt lediglich zu einer Erhöhung des Luftwiderstands um $\Delta c_W = 0{,}001$, jedoch kann eine Reduktion des Luftwiderstands, wie sie von Yokohama präsentiert wurde, im Windkanalversuch am Gesamtfahrzeug nicht bestätigt werden.

Auch diese Ergebnisse zeigen, dass sich – wie bereits bei Betrachtung der Reifenschulter gesehen – die Außenseite des Reifens deutlich stärker auf den Luftwiderstand auswirkt als die innere Seite, was hier ebenfalls vor allem durch die Schräganströmung des Reifens hervorgerufen wird. Die Beschriftung auf der Außenseite wirkt für die Strömung dabei wie eine umlaufende Kante auf der Seitenwand, die zur Strömungsablösung führt. In **Bild 4.29** ist dies im CFD-Ergebnis anhand der Isofläche mit $c_{P\,tot} \leq 0$ sehr gut zu erkennen. Das Verlustgebiet neben dem Reifen nimmt durch die Beschriftung auf der Außenseite deutlich zu, wodurch sich auch der Widerstand des Fahrzeugs vergrößert. Die Unterschiede sind dabei vor allem in dem Bereich zu erkennen, der unterhalb des Radhauses in der freien Anströmung liegt.

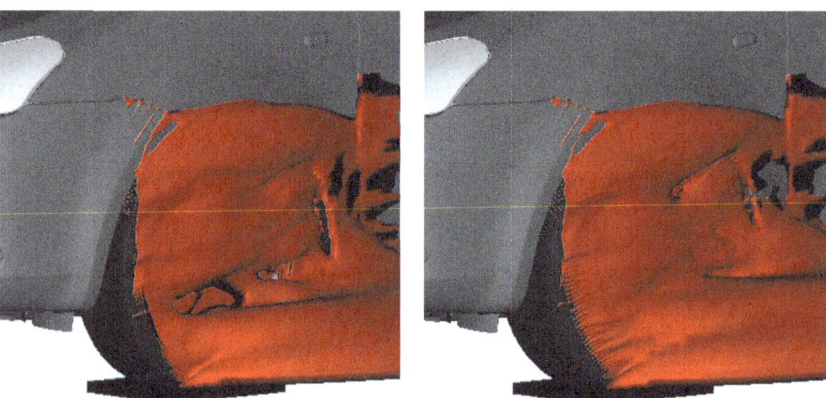

Bild 4.29: **CFD-Ergebnisse: Referenzreifen (links) und Reifen mit hervorstehender Seitenwandbeschriftung (rechts). Eingefärbt ist die Hüllfläche für das Gebiet mit $c_{P\,tot} \leq 0$.**

Am Reifen mit der eingravierten Beschriftung ist eine solche „Kante", die durch die Rotation der Beschriftung gebildet wird und zur Strömungsablösung führen könnte, nicht vorhanden. Dies führt dazu, dass sich der Widerstand bei diesem Reifen im Vergleich zum Referenzreifen kaum verändert. Windkanalmessungen zeigen im Luftwiderstand lediglich einen Anstieg um $\Delta c_W = 0{,}001$.

Zur weiteren Untersuchung des Beschriftungseinflusses wurde der Reifen mit hervorgehobener Beschriftung modifiziert. Dabei wurde in einer ersten Variante jeder zweite Block der Beschriftung entfernt und so die Abstände zwischen den Blöcken verdoppelt, in einer zweiten Variante wurde die Beschriftung in vier Bereichen à 45° komplett entfernt. Bei beiden Varianten befanden sich damit noch 80 Blöcke auf der Seitenwand, was 50% der ursprünglichen Beschriftung entspricht.

Die Ergebnisse dieser Untersuchung sind in **Bild 4.30** dargestellt. Sie zeigen, dass die Entfernung jedes zweiten Blocks keine Auswirkung auf den Luftwiderstand des Fahrzeugs hat. Die Abstände zwischen den verbleibenden Blöcken sind in diesem Fall noch zu gering, so dass die Blöcke aus Sicht der Strömung immer noch wie eine Kante auf der Seitenwand wirken. Werden jedoch größere Teile der Beschriftung am Stück entfernt, wie dies in der zweiten Variante realisiert wurde, so reduziert sich der Einfluss der Beschriftung deutlich.

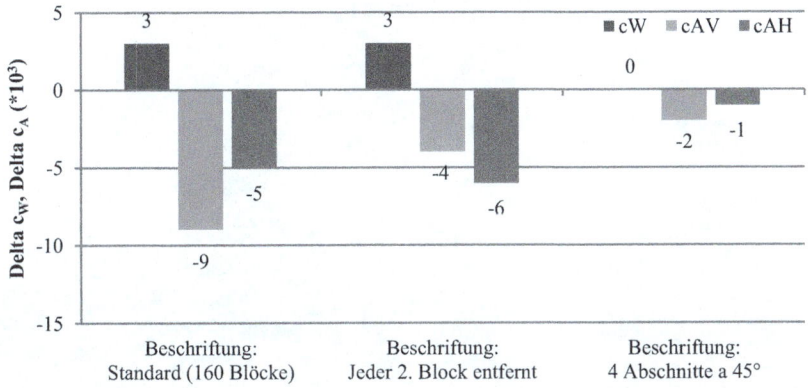

Referenz: Reifen ohne Profil und ohne Beschriftung

Bild 4.30: **Auswirkungen verschiedener Modifikationen der Seitenwandbeschriftung auf die aerodynamischen Beiwerte.**

Zwar können unter Berücksichtigung der Ergebnisse zur Seitenwandbeschriftung bereits klare Empfehlungen für einen optimierten Reifen gegeben werden, jedoch bleibt die Frage, wie groß der Einfluss der Beschriftung eines Serienreifens ist, noch ungeklärt. Dies ist vor allem vor dem Hintergrund zu sehen, dass die Höhe der Beschriftung am Serienreifen häufig um eine Größenordnung kleiner ist als die hier untersuchte generische Beschriftung, auch wenn sie dafür oftmals großflächiger ist.

Aus diesem Grund wurde im Anschluss der Einfluss der Seitenwandbeschriftung an einem Serienreifen mit Profil, dem Michelin Energy Saver, gemessen. Dazu wurde – neben dem Serienreifen - ein Reifen eingesetzt, der ohne die Reifenbeschriftung auf der Seitenwand gefertigt wurde (**Bild 4.31**), aber ansonsten mit dem Serienreifen identisch war.

Die Windkanalmessungen dieser Reifen zeigen, dass der Einfluss der Serienbeschriftung am Energy Saver mit dem Einfluss der generischen Beschriftung vergleichbar ist. Zudem konnte der Luftwiderstand des Fahrzeugs durch die glatte Seitenwand des Energy Savers im Vergleich zum Serienreifen um $\Delta c_W = 0{,}004$ gesenkt werden.

Bild 4.31: **Auf dem Michelin Energy Saver basierender Reifen mit glatter Seitenwand.**

Als zusätzliche Modifikation wurde die Höhe der serienmäßigen Beschriftung des Energy Savers in einer CFD-Simulation um einen Millimeter vergrößert, wie in **Bild 4.32** dargestellt. Die CFD-Ergebnisse zeigen einen durch die erhöhte Beschriftung verursachten zusätzlichen Anstieg im Luftwiderstandsbeiwert von $\Delta c_W = 0{,}004$. Die Auswertung der Simulation zeigt, dass das Ablösegebiet neben dem Reifen aufgrund der nun weiter hervorstehenden Beschriftung deutlich an Größe zunimmt, was sich im Anstieg des Widerstands widerspiegelt.

Geometrische Parameter am Reifen 71

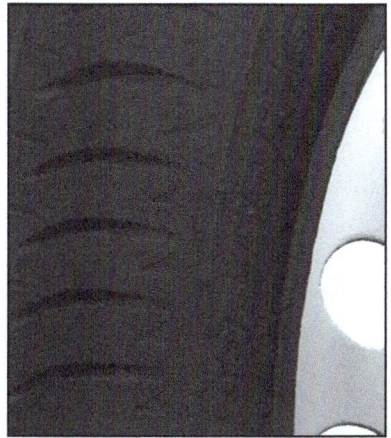 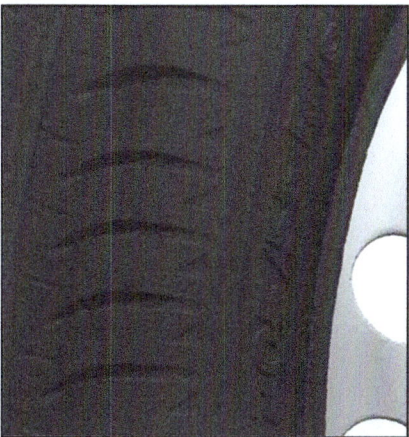

Bild 4.32: Variation der Seitenwandbeschriftung für CFD. Links: Original, rechts: Um 1 mm erhöhte Beschriftung.

Zusammengefasst zeigen die Ergebnisse der Seitenwanduntersuchungen, dass der Luftwiderstand bereits deutlich reduziert werden kann, wenn die Seitenwandbeschriftung in der kommerziellen Zone des Reifens nicht wie bisher üblich nach außen überstehend angebracht, sondern in die Seitenwand eingearbeitet wird. Weiterhin ist es vorteilhaft, wenn eine Beschriftung nicht über die komplette Seitenwand ausgeführt wird, sondern große Teile der Seitenwand glatt bleiben und sich die Beschriftung nur auf kleine Bereiche konzentriert. Die Beschriftung in der technischen Zone kann aufgrund gesetzlicher Vorgaben nicht geändert werden, jedoch ist ihr Einfluss ohnehin vernachlässigbar, da dieser Bereich nahe am Übergang zur Felge liegt und daher durch diese abgeschirmt wird.

4.4.6 Reifenprofil

Um den Einfluss des Reifenprofils auf den Luftwiderstand zu bestimmen, standen ebenfalls zwei Sätze spezieller Reifen auf Basis des Michelin Energy Savers zur Verfügung (vgl. **Bild 4.34**). Sie entsprachen in der Form und auch in der Gestaltung der Seitenwand dem Serienreifen, unterschieden sich jedoch im Profil. Der erste Satz verfügte nur über das Längsprofil des Energy Savers, während das Querprofil voll aufgefüllt war. Beim zweiten Satz war das gesamte Profil aufgefüllt, so dass diese Reifen eine glatte Lauffläche aufwiesen (Slick).

Bild 4.33: Auf dem Michelin Energy Saver basierender Reifen mit profilloser Lauffläche (Slick) und serienmäßiger Seitenwandbeschriftung.

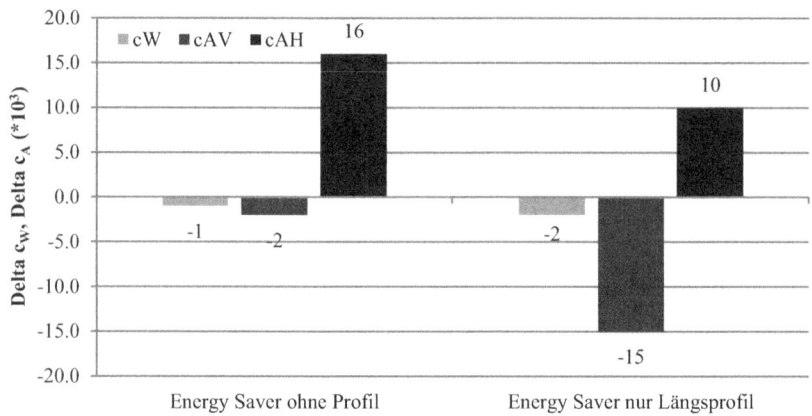

Referenz: Michelin Energy Saver Serienreifen, 140 km/h

Bild 4.34: Einfluss des Reifenprofils auf die aerodynamischen Eigenschaften am Michelin Energy Saver.

Geometrische Parameter am Reifen 73

Messungen dieser Reifen im Windkanal zeigen, dass der Einfluss des Profils auf den Luftwiderstand eines Fahrzeugs am Michelin Energy Saver gering ist (vgl. **Bild 4.34**). Die Längsrillen des Reifens verringern dabei den Luftwiderstand des Fahrzeugs geringfügig, während die Querrillen den Luftwiderstand etwas ansteigen lassen. Für den Vorderachsauftrieb gilt ebenfalls, dass dieser durch Längsrillen reduziert wird, während, während die Querrillen diese Reduktion wieder ausgleichen. Lediglich der Hinterachsauftrieb wird sowohl durch die Längs- als auch durch die Querrillen des Reifens reduziert.

Durch die Längsrillen im Reifen kann ein Teil der Luft aus dem Reifenaufstau direkt ins Totwassergebiet hinter dem Reifen geleitet werden. Damit wird zum einen der Druck hinter dem Reifen erhöht, und zum anderen muss weniger Luft seitlich am Reifen vorbeiströmen, wodurch der Effekt des Jettings reduziert wird.

Aus diesem Ergebnis lässt sich ableiten, dass aerodynamisch optimierte Reifen mit möglichst stark ausgeprägten Längsrillen und reduzierten Querrillen ausgestattet sein sollten.

4.4.7   Felgenschutzkanten

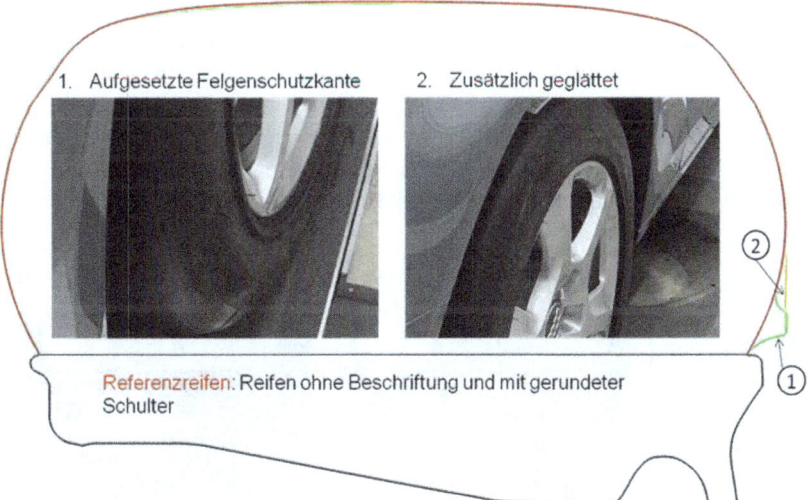

Bild 4.35:   Gestaltung unterschiedlicher Felgenschutzkanten am Reifen. Rot: Referenzreifen, grün: Aufgesetzte Felgenschutzkante, orange: Geglättete Felgenschutzkante.

Zur Untersuchung des Einflusses einer Felgenschutzkante am Reifen wurden zwei verschiedene Reifenvarianten gefertigt. Für die erste Variante wurde eine Felgenschutzkante auf den Referenzreifen aufgesetzt, wie in **Bild 4.35** dargestellt ist. Bei der zweiten Variante wurde zusätzlich die Seitenwand des Reifens so angepasst, dass ausgehend von der breitesten Stelle des Reifens der Bereich zur Felgenschutzkante hin glatt aufgefüllt wurde. Die Felgenschutzkante wurde in beiden Fällen nur auf der Außenseite des Reifens aufgebracht.

Die Windkanalmessungen dieser Reifen zeigten jedoch lediglich einen geringen Einfluss der Felgenschutzkante auf den Luftwiderstand, trotz deren ausgeprägter Gestaltung. Die aufgesetzte Felgenschutzkante erhöhte den Luftwiderstand um $\Delta c_W = 0{,}002$, die glattgezogene Variante lediglich um $\Delta c_W = 0{,}001$.

Der geringe Einfluss der Felgenschutzkante an diesem Reifen lässt sich damit erklären, dass die Seitenwand des Reifens bereits vor der Felgenschutzkante eine starke Einschnürung erfährt und die Strömung der Kontur des Reifens daher nicht folgen kann. Die Felgenschutzkante befindet sich im Totwassergebiet und weist lediglich einen geringen Einfluss auf die Aerodynamik des Reifens auf. In **Bild 4.36** ist die Umströmung des Referenzreifens und des Reifens mit Felgenschutzkante dargestellt. Hier wird deutlich, dass die Strömung in beiden Fällen ähnlich verläuft und nicht von der Felgenschutzkante beeinflusst wird.

Abhängig von der Reifen- und Felgenkombination können die Krümmung der Seitenwand und die Lage der Felgenschutzkante, und damit auch der Einfluss einer Felgenschutzkante auf die aerodynamische Performance des Reifens, jedoch deutlich unterschiedlich ausfallen. Der Einfluss der Felgenschutzkante kann vor allem beim Einsatz breiter Felgen an Bedeutung gewinnen, da hier die Felgenschutzkante weiter in die Strömung hinein ragt und damit unter Umständen auch die breiteste Stelle des Reifens darstellen kann.

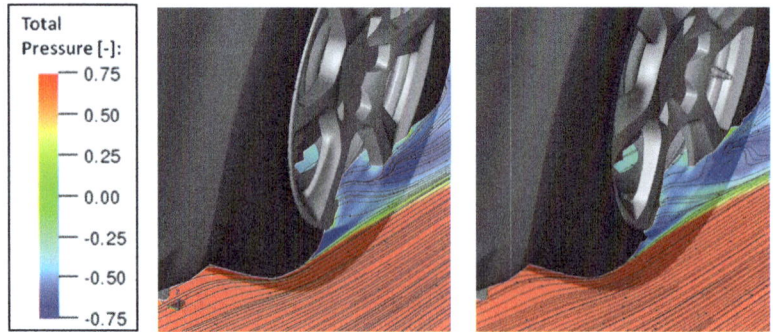

Bild 4.36: CFD-Simulation der Umströmung der Reifenseitenwand.
Links: Referenzreifen, rechts: Reifen mit Felgenschutzkante.

5 Ergebnisse der Reifenoptimierung

Die in Kapitel 4 dargestellten Ergebnisse zeigen, dass die Geometrie des Reifens einen deutlichen Einfluss auf den Luftwiderstand eines Fahrzeugs hat und es prinzipiell möglich ist, einen Reifen unabhängig vom Fahrzeug zu optimieren. Die aerodynamischen Eigenschaften von Reifen und Felgen eines Fahrzeugs sind dabei jedoch eng miteinander verbunden und das volle Potential kann nur ausgeschöpft werden, wenn beide Bauteile aerodynamisch gestaltet werden.

5.1 Empfehlungen aus Kapitel 4

Im Rahmen der Parameterstudie konnte gezeigt werden, dass vor allem der Bereich der Reifenschulter und Seitenwand einen großen Einfluss auf die aerodynamischen Eigenschaften eines Reifens hat. Unterschiedliche Geometrien in diesem Bereich machen sich hauptsächlich an den Reifen der Vorderachse und hier auf der äußeren Reifenseite bemerkbar. Bei der Optimierung eines Reifens muss daher das Ziel sein, die Strömung möglichst ablösefrei um die äußere Reifenschulter und entlang der Seitenwand zu führen.

Dieser Umstand führt zu der Empfehlung, den Radius der äußeren Reifenschulter möglichst groß auszuführen und darauf zu achten, dass dieser Bereich keine umlaufenden Ecken oder Kanten aufweist.

Die Beschriftung in der kommerziellen Zone der Reifenseitenwand sollte möglichst glatt gestaltet sein. Eine glatte, durch Aufdrucken beschriftete Seitenwand wäre hierbei optimal, aber auch eine Gestaltung, bei der die Beschriftung in die Seitenwand eingelassen ist und nicht über diese hinaussteht, ist vorteilhaft. Bereits kleine umlaufende Erhebungen können zur Ablösung der Strömung führen und den Luftwiderstand dadurch erhöhen. Weiterhin ist es hier von Vorteil, die Beschriftung nicht vollständig umlaufend zu gestalten, sondern diese durch glatte Flächen zu unterbrechen.

Einen weiteren wichtigen Beitrag zum Luftwiderstand leistet die Breite des Reifens. Bereits eine Verringerung der Reifenbreite um 5 mm kann dazu führen, den Luftwiderstand um $\Delta c_W = 0{,}003$ zu reduzieren. Die relativ großen Toleranzen, die für die einzelnen Reifenbreiten vom Gesetzgeber zugelassen werden, bieten hierbei eine Möglichkeit, den Luftwiderstand eines Fahrzeugs deutlich zu senken.

Auch die Gestaltung des Reifenprofils kann die aerodynamischen Eigenschaften des Reifens beeinflussen. Dabei wirken sich vor allem Längsrillen positiv auf den Luftwiderstand aus, während Querrillen tendenziell zu einem geringfügig höheren Luftwiderstand führen.

Einen letzten wichtigen Einflussfaktor für die Aerodynamik des Reifens stellt dessen Interaktion mit der Felge dar. Gelingt es, die Strömung ablösefrei um die Reifenschulter zu führen, und sie trifft anschließend beispielsweise auf den weit nach außen stehenden Felgentopf einer Stahlfelge, so kann dies alle positiven Effekte des Reifens aufheben und die Optimierung am Reifen führt zu keiner Verbesserung des Luftwiderstands am Gesamtfahrzeug. Daher muss bei der Optimierung eines Reifens stets auch das gesamte Rad betrachtet werden.

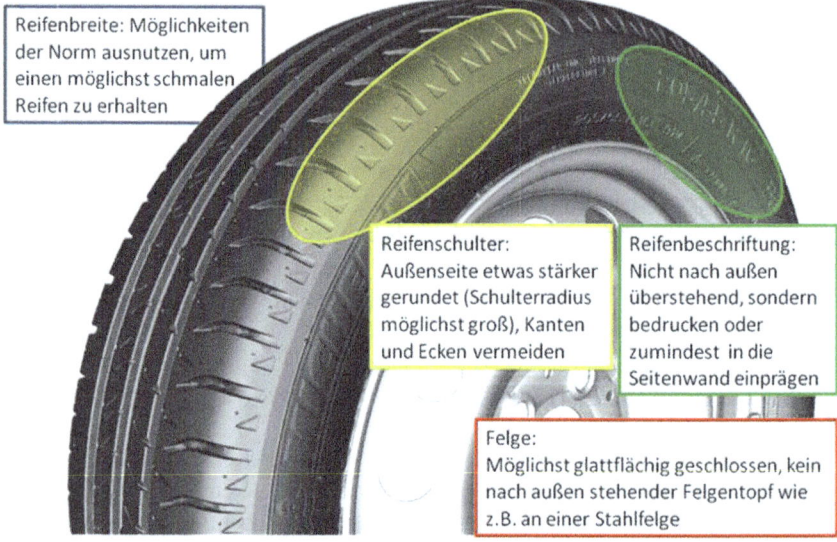

Bild 5.1: Empfehlungen für einen aerodynamisch optimierten Reifen auf Basis des Michelin Energy Savers.

In **Bild 5.1** sind die wichtigsten Empfehlungen zusammengefasst dargestellt. Dabei muss beachtet werden, dass der Reifen bisher lediglich hinsichtlich seiner aerodynamischen Eigenschaften optimiert wurde, ohne auf sonstige Reifeneigenschaften Rücksicht zu nehmen. Werden diese Empfehlungen vollständig umgesetzt, so kann dies unter Umständen dazu führen, dass andere Eigenschaften am Reifen negativ beeinflusst werden. Darauf wird im folgenden Abschnitt detailliert eingegangen.

Mit den Ergebnissen der Parameterstudie können nicht nur allgemeine Empfehlungen für die Optimierung des Reifens ausgesprochen werden, sondern es ist zudem möglich, eine Abschätzung hinsichtlich der Größenordnung der Reduzierung des Luftwiderstands vorzunehmen. Wenn anstelle des aerodynamisch bereits sehr guten Michelin Energy Savers ein entsprechend optimierter Reifen montiert wird, so sind folgende Verbesserungen im Luftwiderstand zu erwarten:

- Reifenbreite -5 mm: $\Delta c_W \approx -0{,}003$
- Reifenschulter etwas stärker abgerundet (Radius vergrößert): $\Delta c_W \approx -0{,}003$
- Seitenwand komplett glatt, Beschriftung nur aufgedruckt: $\Delta c_W \approx -0{,}004$

Summe: $\Delta c_W \approx -0{,}010$

5.2 Der optimierte Reifen unter Berücksichtigung der übrigen Reifeneigenschaften

Werden die im vorhergehenden Abschnitt gezeigten Änderungen am Reifen umgesetzt, so ergibt sich nicht nur eine Abnahme des Luftwiderstands, sondern es werden zusätzlich auch weitere Reifeneigenschaften beeinflusst. Vor allem durch eine geänderte Reifenbreite oder durch die Modifikation der Reifenschulter, die sich bei gleichbleibender Gesamtbreite des Reifens vor allem auf die Breite der Lauffläche auswirkt, kommt es zur Änderung anderer Reifeneigenschaften.

5.2.1 Beeinflussung weiterer Reifeneigenschaften durch Modifikationen am Reifen

Wie sich eine Änderung des Schulterradius oder der Reifenbreite auf verschiedene Reifenparameter auswirkt, ist in **Bild 5.2** dargestellt. Es wird deutlich, dass eine verringerte Reifenbreite nicht nur zu Vorteilen hinsichtlich der Aerodynamik führt, sondern auch das Gewicht, das Geräusch sowie das Aquaplaningverhalten des Reifens positiv beeinflusst. Jedoch steigt durch die Verringerung der Reifenbreite auch der Verschleiß des Reifens an. Zudem kann das Fahrverhalten negativ beeinflusst werden. Der Rollwiderstand ist hauptsächlich von der Gummimischung und Profilgestaltung abhängig, weshalb hinsichtlich der Auswirkungen einer geänderten Reifenschulter kein klarer Trend identifiziert werden kann.

Eine Verringerung der Reifenbreite kann zudem dazu führen, dass ein Reifen einer bestimmten Größenklasse im Hinblick auf seine Breite in das Toleranzband der nächstkleineren Reifengröße fällt. Damit wäre es möglich, dass ein optimierter Reifen der Größe 205/55 R16 schmaler ist als ein Reifen der Größe 195/60 R16 eines anderen Herstellers, was von den Reifenherstellern jedoch nicht erwünscht ist.

Aus Gründen der Optik wird vom Fahrzeughersteller häufig ein Reifen mit möglichst großen Abmaßen gefordert, so dass das Radhaus des Fahrzeugs möglichst gut ausgefüllt erscheint.

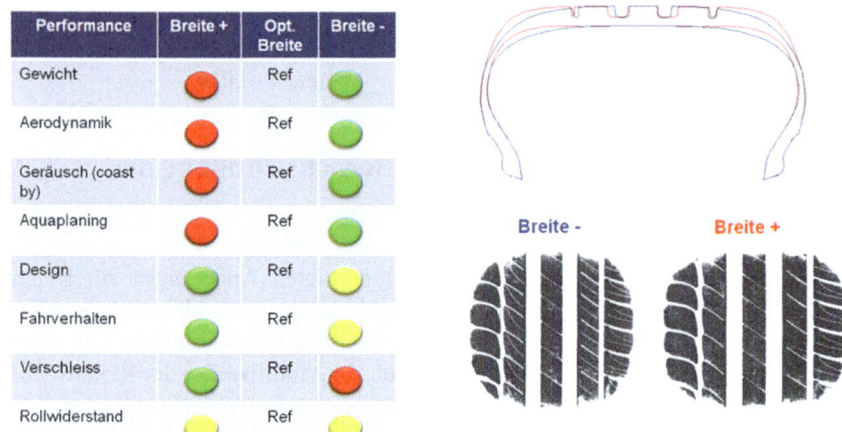

Bild 5.2: Beeinflussung verschiedener Reifeneigenschaften durch Änderung der Lauffllächenbreite infolge verschiedener Schulterradien. Rot: Eigenschaften werden schlechter, gelb: Eigenschaften bleiben vergleichbar, grün: Eigenschaften werden verbessert. Rechts: Darstellung der Reifen in unterschiedlicher Breite.

Änderungen der Beschriftung des Reifens beeinflussen die oben genannten Parameter hingegen höchstens geringfügig. Einzig der oftmals als negativ empfundene Einfluss auf das Design ist hier zu nennen, was dem Bedrucken der Seitenwand entgegen spricht: Zwar ergeben sich durch Drucktechniken ganz andere Beschriftungsmöglichkeiten, jedoch ist eine aufgedruckte Beschriftung weitaus weniger resistent, wenn der Reifen beispielsweise leichten Kontakt mit einem Bordstein hat. Diese fehlende Resistenz der Beschriftung kann vom Kunden als Zeichen mangelnder Haltbarkeit des Reifens wahrgenommen werden. Daher ist eine glatt bedruckte Seitenwand bisher nicht realisierbar.

5.2.2 Die Gestaltung des optimierten Reifens

Unter Abwägung aller Reifeneigenschaften wurde für den optimierten Reifen ein Kompromiss gefunden, mit dem Ziel, bei verbesserter Aerodynamik dennoch keine anderen Reifeneigenschaften negativ zu beeinflussen.

Basierend auf dem Serienreifen Michelin Energy Saver wurde die Gestaltung der Seitenwand überarbeitet und das Profil neu gestaltet. Die übrige Kontur des Reifens sowie der innere Aufbau wurden beibehalten, um sicherzustellen, dass es zu keiner negativen Beeinflussung anderer Eigenschaften kommt. Nachfolgende **Tabelle 5.1** bietet einen Vergleich der unterschiedlichen geometrischen Eigenschaften zwischen Optimiertem Reifen und dem Michelin Energy Saver Serienreifen.

Tabelle 5.1: **Vergleich der Geometrie des optimierten Reifens im Vergleich zum Referenzreifen (Michelin Energy Saver)**

Geometrie	Optimierter Reifen
Innerer Aufbau	Identisch zum Referenzreifen
Reifenbreite	Identisch zum Referenzreifen
Schultergeometrie	Identisch zum Referenzreifen
Felgenschutzkante	Keine, identisch zum Referenzreifen
Grundform der Seitenwand	Identisch zum Referenzreifen
Beschriftung der Seitenwand	Nicht aus die Grundform hervorstehend, sondern in die Seitenwand „eingraviert". Große Teile der Seitenwand glatt.
Reifenprofil	Verringerte Größe der Querrillen, eine Längsrille mehr.

Bild 5.3 zeigt die Gegenüberstellung des Michelin Energy Savers und des optimierten Reifens. Die Seitenwand des optimierten Reifens ist auf der Außenseite so gestaltet, dass die gesamte Beschriftung „eingraviert" ist und somit keine überstehenden Strukturen auftreten. Zusätzlich sind große Teile der Seitenwand möglichst glatt ausgeführt und weisen nur eine minimale „Schraffierung" auf.

Die Originalbeschriftung des Michelin Energy Savers befindet sich hingegen auf der Innenseite des Reifens, da gezeigt werden konnte, dass die Ausführung dieser Seite keine messbare Auswirkung auf den Luftwiderstand hat. Durch den symmetrischen Aufbau des Profils war es damit möglich, den Reifen mit beiden Beschriftungsvarianten auf der Außenseite zu testen und so den Einfluss der neuen Seitenwandgestaltung im Vergleich zur alten zu bestimmen.

Bild 5.3: **Referenzreifen Michelin Energy Saver (links), optimierter Reifen mit modifizierter Seitenwand und neu gestaltetem Reifenprofil (rechts).**

Das Profil des optimierten Reifens ist im Vergleich zum Serienreifen dahingehend modifiziert, dass eine zusätzliche Längsrille eingefügt und dafür die Breite der Querrillen reduziert wurde. Die Gesamtfläche der Rillen ist bei beiden Reifen identisch, um ein vergleichbares Aquaplaningverhalten zu gewährleisten.

Der optimierte Reifen wurde von Michelin zusammen mit dem Energy Saver in verschiedenen Kategorien – die Aerodynamik ausgenommen – getestet, um festzustellen, ob sich die Eigenschaften der Reifen unterscheiden, oder ob die aerodynamische Optimierung ohne Beeinflussung der übrigen Eigenschaften gelungen ist. Die Ergebnisse der Untersuchungen sind in **Tabelle 5.2** zusammengefasst.

Für alle Reifeneigenschaften gilt, dass durch die aerodynamische Optimierung keine negativen Auswirkungen aufgetreten sind. Zusätzlich wurde der Rollwiderstand des Ausgangsreifens durch die geänderte Profilgestaltung um 0,3 kg/t gesenkt.

Tabelle 5.2: Vergleich der Eigenschaften von Energy Saver und optimiertem Reifen

Reifeneigenschaft	Optimierter Reifen vs. Energy Saver
Rollwiderstand	-0,3 kg/t
Nassbremsverhalten	Gleichwertig
Geräusch (Vorbeifahr-Messung)	Gleichwertig
Verschleiß	Gleichwertig
Kurvenverhalten	Gleichwertig
Aquaplaning	Keine negative Wirkung

5.3 Ergebnisse: Die aerodynamischen Eigenschaften des optimierten Reifens

Um die aerodynamischen Eigenschaften des neuen Reifens zu überprüfen, wurde dieser im Vergleich mit dem Energy Saver auf sechs der Fahrzeuge aus dem Benchmarkprogramm untersucht. Die Reifen wurden hierzu auf Leichtmetallfelgen von Volkswagen montiert, die gegenüber der bisher eingesetzten Leichtmetallfelge den Vorteil haben, dass sie auf allen gemessenen Fahrzeugen in der richtigen Einpresstiefe montiert werden können, im Gegensatz zur im Benchmark eingesetzten Stahlfelge aber repräsentativer für heutige Fahrzeuge sind. **Bild 5.4** bietet einen Überblick über die aerodynamische Performance des optimierten Reifens im Vergleich zum Michelin Energy Saver Serienreifen.

Die Ergebnisse zeigen, dass der optimierte Reifen im Vergleich mit dem Serienreifen Michelin Energy Saver bei allen Fahrzeugen zu einem reduzierten Luftwiderstand und zu einem verringerten Auftrieb führt. Die Reduktion des Luftwiderstands liegt dabei zwischen zwei und fünf Punkten.

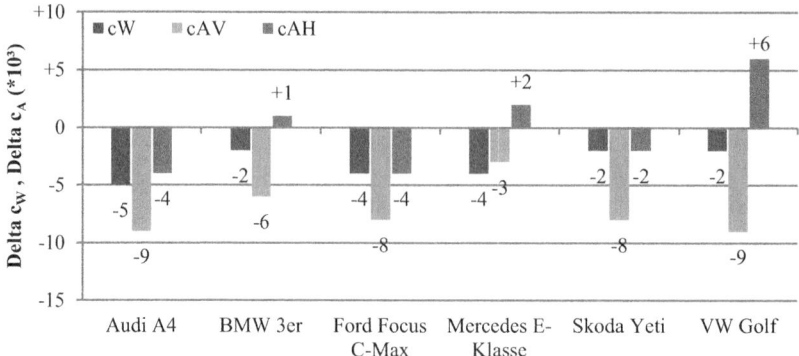

Konfiguration: **Baseline**, **Referenz:** Michelin Energy Saver

Bild 5.4: Aerodynamische Beiwerte des optimierten Reifens im Vergleich zum Michelin Energy Saver.

Wenn der Anströmwinkel an einem Fahrzeug in der Basisvariante den Wert annimmt, bei welchem die Strömung an der Reifenschulter gerade ablöst, so kann durch diese Konfigurationsänderung die Strömung unter Umständen dazu gebracht werden, länger am Reifen anzuliegen. Somit kann die geänderte Seitenwandbeschriftung deutlicher zum Tragen kommen und das Delta zwischen den Reifen sollte sich im Vergleich zur Basisvariante vergrößern.

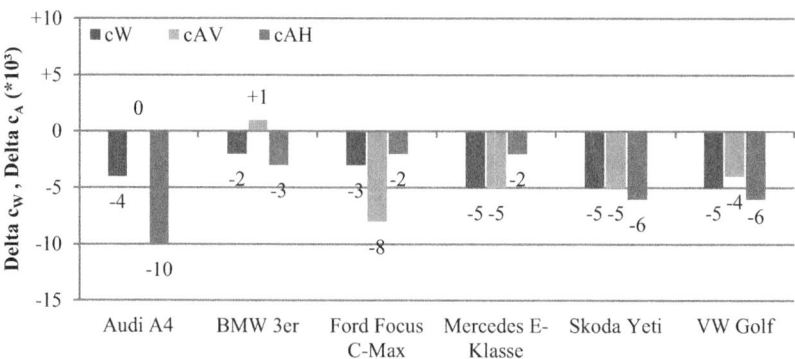

Konfiguration: **Ohne Kühlluft**, **Referenz:** Michelin Energy Saver

Bild 5.5: Aerodynamische Beiwerte des optimierten Reifens im Vergleich zum Michelin Energy Saver bei Fahrzeugen mit geschlossenen Kühlluftöffnungen.

Die Ergebnisse in **Bild 5.**5 zeigen, dass das Delta im Luftwiderstand zwischen den Reifen beim Skoda Yeti und beim VW Golf von zwei Punkten in der Baseline-Messung auf fünf Punkte bei geschlossenen Kühllufteinlässen ansteigt. Damit ist anzunehmen, dass bei diesen beiden Fahrzeugen in der Basiskonfiguration der Strömungswinkel an den Vorderrädern gerade so groß ist, dass es an der Schulter zu einer Ablösung der Strömung kommt, was durch das Verschließen der Kühlluftöffnungen und den dadurch reduzierten Anströmwinkel am Vorderrad verhindert wird.

Bei den übrigen Fahrzeugen ändert sich das Delta innerhalb der Messgenauigkeit nicht, so dass hier davon auszugehen ist, dass die Strömungswinkel in einem Bereich bleiben, in dem die aerodynamischen Eigenschaften der Reifen nicht beeinflusst werden. Dies macht deutlich, dass es auch bei aerodynamisch optimierten Reifen Grenzen gibt, außerhalb derer sie nicht mehr optimal funktionieren. Daher ist die Unabhängigkeit der aerodynamischen Reifeneigenschaften von der Fahrzeugform nur dann sichergestellt, wenn sich die Reifenanströmung und -umströmung innerhalb dieser Grenzen bewegt.

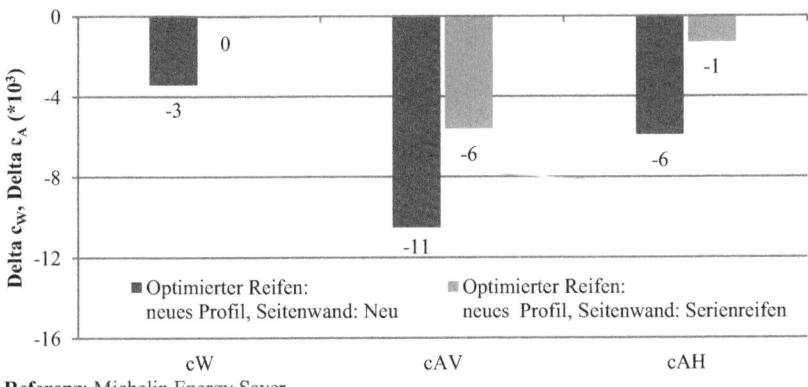

Bild 5.6: **Einfluss der Seitenwand-Beschriftung und des Profils auf die aerodynamischen Beiwerte am optimierten Reifen.**

Um den Einfluss des neu gestalteten Reifenprofils von dem der neu gestalteten Seitenwand (vgl. Bild 5.3) abgrenzen zu können, wurde der optimierte Reifen zusätzlich mit der Serienbeschriftung des Energy Savers auf der Außenseite gemessen. Die Ergebnisse dieser Messungen zeigen, dass der aerodynamische Vorteil des optimierten Reifens praktisch ausschließlich durch die neu gestaltete Seitenwandbeschriftung hervorgerufen wird, und das neue Profil im Hinblick auf den Luftwiderstand keinen Unterschied zum Serienprofil aufweist.

Lediglich der Auftrieb konnte durch das neu gestaltete Profil verbessert werden (vgl. Bild 5.6).

5.4 Schlussfolgerungen

Aufbauend auf den Ergebnissen der Parameterstudie wurde ein Reifen entworfen und gefertigt, der im Vergleich zu heutigen Serienreifen eine verbesserte Aerodynamik bei ansonsten mindestens gleichwertigen Eigenschaften aufweisen sollte.

Obwohl nur wenige der Empfehlungen umgesetzt wurden, um so am Reifen die gleichen nicht-aerodynamischen Eigenschaften wie am Serienreifen zu gewährleisten, konnte eine deutliche Reduktion des Luftwiderstands und des Auftriebs an allen untersuchten Fahrzeugen nachgewiesen werden.

Diese Ergebnisse zeigen, dass es möglich ist, eine von der Fahrzeugform größtenteils unabhängige Optimierung des Reifens zu erreichen und damit einen Beitrag zur Reduktion des Kraftstoffverbrauchs und der Emissionen zu leisten. Dieser Beitrag ist dabei nicht nur auf neu entwickelte Fahrzeuge beschränkt, sondern kann gleichermaßen auch bei älteren Fahrzeugen, die sich zum Teil bereits längere Zeit beim Kunden befinden, zur Anwendung kommen.

6 Übertragbarkeit der Ergebnisse in den Modellmaßstab

In den vorangegangenen Kapiteln wurden die Einflüsse verschiedener Parameter am Reifen auf die aerodynamischen Eigenschaften eines Fahrzeugs gezeigt. Einige wenige Parameter konnten dabei an Serienreifen untersucht werden, für die übrigen mussten spezielle Prototypen angefertigt werden. Weiterhin ist für die Untersuchungen ein 1:1-Windkanal, der die Möglichkeit zur Straßenfahrtsimulation bietet, notwendig. All dies führt dazu, dass für Parameteruntersuchungen am Reifen hohe Kosten entstehen, und es bei den eng getakteten Zeitplänen der 1:1-Windkanäle oftmals schwierig ist, für ausgiebige Tests genügend Messzeit zu finden.

Wenn es daher gelingt, die Wirkungsweisen verschiedener Parameter am Reifen auch im Modellmaßstab hinreichend genau darzustellen, können nicht nur Kosten und Messzeit im 1:1-Windkanal eingespart werden, sondern es können durch die einfachere Herstellung der Modellräder auch unabhängig von den Reifenherstellern Modifikationen am Reifen untersucht werden.

6.1 Modellaufbau

Die Ergebnisse der vorherigen Kapitel haben gezeigt, dass sich die aerodynamischen Eigenschaften eines Reifens weitgehend unabhängig vom Fahrzeug darstellen. Für die Modellmessungen wurde daraufhin ein vereinfachtes Fahrzeugmodell gewählt. Damit kann festgestellt werden, ob sich die aerodynamischen Eigenschaften des Reifens auch bei starker Vereinfachung des Fahrzeugs noch korrekt bestimmen lassen.

6.1.1 Fahrzeug

Das bei den Untersuchungen im Modellmaßstab eingesetzte Fahrzeug basiert auf einer Mercedes-Benz E-Klasse Stufenhecklimousine der Baureihe W211. Wie in **Bild 6.1** zu sehen ist, sind am Modell keine Außenspiegel angebracht. Es verfügt weiterhin über keine Motorraumdurchströmung, der Unterboden ist glatt und die Radhäuser sowie die Radaufhängung sind vereinfacht. Außerdem sind die Heckkanten scharfkantig ausgeführt. Detailliertere Informationen zum Fahrzeug sind in [93] zu finden.

Bild 6.1: Vereinfachtes 1:4-Fahrzeugmodell in der Messstrecke des IVK-Modellwindkanals (MWK).

6.1.2 Reifen und Felgen

In der Vergangenheit wurden für Modellmessungen üblicherweise stark vereinfachte Aluminiumräder eingesetzt. Für deren Form wurde eine vereinfachte Hüllfläche eines Reifens mit der entsprechenden Reifengröße herangezogen, das Profil wurde ausschließlich durch Längsrillen dargestellt, die leicht gefertigt werden können. Diese Vereinfachungen beruhen unter anderem darauf, dass die Fertigung eines hoch detaillierten Reifens mit konventionellen Fertigungsmethoden sehr schwierig ist und nur unter hohem finanziellem Aufwand geleistet werden kann.

Durch die Rapid-Prototyping-Technik ist es inzwischen möglich, mit vertretbarem Aufwand Modellreifen zu fertigen, die zum Beispiel auf 3D-Scans eines 1:1-Reifens basieren und sowohl eine detaillierte Profilgestaltung, als auch eine detailgetreue Darstellung der Seitenwandbeschriftung aufweisen. Mit Ausnahme der Deformierbarkeit sind die Originalreifen und die Modelle damit in ihrer Geometrie vergleichbar. Aufgrund der hohen Belastungen, die auf die Reifen im Modellmaßstab wirken (die Drehzahl des Rades erhöht sich entsprechend dem Skalierungsfaktor), ist es bisher nicht möglich, die Reifen aus deformierbarem Material herzustellen, so dass hier immer noch ein Unterschied zwischen Original und Modell bestehen bleibt.

Die Reifen werden auf generischen Felgen mit fünf filigranen Speichen montiert, die es durch austauschbare Radkappen ermöglichen, unterschiedliche Felgendesigns darzustellen. Es wurden dabei mehrere Varianten untersucht: Von der weit geöffneten 5-Speichen-Felge über eine weitgehend geschlossene 7-Schlitz-Felge (dargestellt in **Bild 6.2**) bis hin zur Stahlfelge. Eine komplett geschlossene Felge wurde ebenfalls untersucht.

Bild 6.2: Michelin Energy Saver im Maßstab 1:4 auf einer 5-Speichen-Alufelge mit aufgesetzter Radkappe im Modellwindkanal der Universität Stuttgart.

Für die Validierung des Entwicklungsansatzes wurden zunächst drei unterschiedliche Reifen der Reifengröße 205/55 R16 digitalisiert und anschließend im Modellmaßstab gefertigt: Der Michelin Energy Saver als Referenzreifen, der Bridgestone Turanza ER300 (in 1:1 circa 10 mm breiter als der Energy Saver), sowie der optimierte Reifen auf Basis des Energy Savers. Die Digitalisierung der Reifen erfolgte montiert auf einer Standardfelge in unbelastetem Zustand mit einem Reifendruck von 2,3 bar.

6.2 Validierungsergebnisse

Zur Validierung dieses Ansatzes wurden die Ergebnisse aus dem Modellwindkanal mit den Ergebnissen am 1:1-Fahrzeug verglichen. Die verwendeten Felgen unterscheiden sich in den beiden Maßstäben, jedoch ist gewährleistet, dass beide Felgen jeweils gute aerodynamische Eigenschaften aufweisen, so dass eine Beeinflussung der aerodynamischen Eigenschaften des Reifens durch die Felgen unwahrscheinlich ist.

Die Ergebnisse der Messungen sind im nachfolgenden **Bild 6.3** dargestellt.

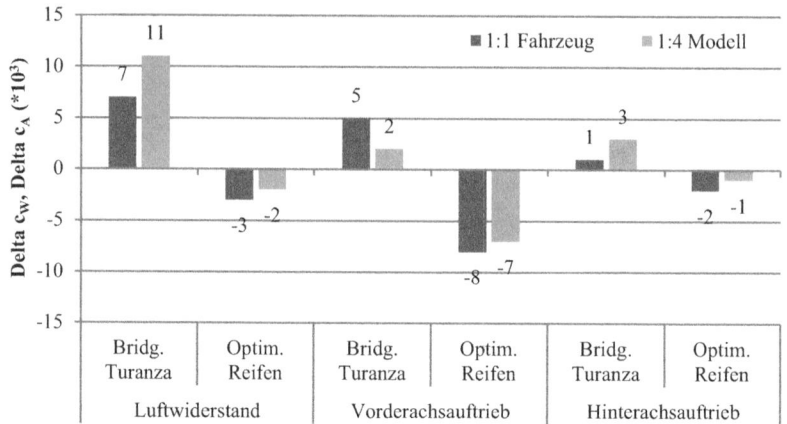

Referenz: Michelin Energy Saver
Konfiguration: 1:1 - Fahrgeschwindigkeit 140 km/h; 1:4 - Fahrgeschwindigkeit 216 km/h

Bild 6.3 **Vergleich der Widerstands- und Auftriebsbeiwerte unterschiedlicher Reifen am realen Fahrzeug und im Modell. Die Ergebnisse sind als Delta zum Michelin Energy Saver aufgetragen.**

Trotz der deutlichen Unterschiede zwischen realem Fahrzeug und vereinfachtem 1:4-Modell sind die aerodynamischen Unterschiede zwischen verschiedenen Messungen in beiden Maßstäben vergleichbar. Der Bridgestone Turanza führt durch seine größere Breite zu einer deutlichen Erhöhung des Luftwiderstands im Vergleich zum Michelin Energy Saver, der optimierte Reifen hingegen bewirkt eine Reduktion des Luftwiderstands am realen Fahrzeug und im Modell. Auch die Auftriebsbeiwerte weisen zwischen beiden Maßstäben sehr gute Übereinstimmungen auf.

Dies bedeutet, dass die Deformation der Reifen keine messbaren Auswirkungen auf die aerodynamischen Eigenschaften der Reifen hat. Zwar verändert sich durch die Deformation des Reifens die Umströmung, da zum Beispiel durch die Radlast die Reifenbreite im Latschbereich deutlich zunimmt, jedoch liegt die Änderung der Reifenbreite für alle untersuchten Reifen in einer vergleichbaren Größenordnung, so dass sich dies nicht im Delta zwischen den Reifen zeigt.

Unter Einbezug dieser Ergebnisse ist nicht nur die aerodynamische Optimierung von Reifen im Modellwindkanal möglich, sondern es kann auch gezeigt werden, dass der CFD-Ansatz, den Reifen undeformiert darzustellen, ausreichend ist, um die Unterschiede zwischen verschiedenen Reifen darzustellen.

In einem weiteren Schritt wurde die Schulter des optimierten Modellreifens erneut bearbeitet und mit einem vergrößerten Radius versehen. Dies führte zu einer weiteren Verbesserung des Luftwiderstands des optimierten Reifens von $\Delta c_W = 0{,}002$. Strömungsfeldmessungen mit einer 5-Loch Cobra-Sonde neben dem Rad zeigten, dass diese Verbesserung vor allem im Bereich der Reifenaufstandsfläche entsteht, indem der Jetting-Effekt durch die Modifikation des Reifens reduziert wird. Die Luft, die von vorn in Richtung Reifen strömt, hat durch den größeren Radius mehr Möglichkeiten, dem Reifen auszuweichen. Dies führt zu einem stark verkleinerten Hufeisenwirbel neben dem Rad, wie in den Messergebnissen in **Bild 6.4** zu erkennen ist.

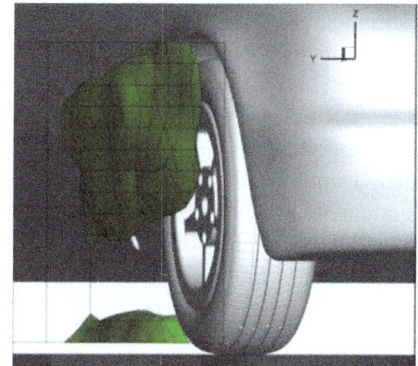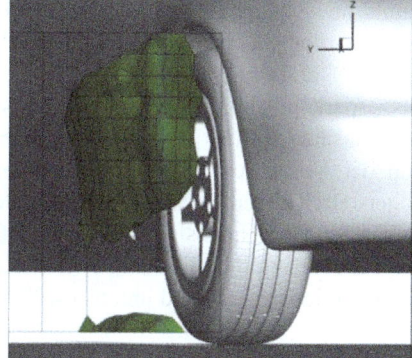

Bild 6.4: Mit einer 5-Loch Cobra-Sonde gemessene Isofläche mit $c_{p\_tot} = 0{,}3$ neben dem rechten Vorderrad. Links: Optimierter Reifen im Basiszustand, rechts: Optimierter Reifen mit vergrößertem Schulterradius.

Diese Modifikationen an der Kontur der Reifen können an den Modellreifen sehr schnell und präzise umgesetzt werden. Dabei sind die Freiheiten bei der Modellierung deutlich größer als dies am fertigen Reifen möglich wäre. Jedoch können viele andere Reifeneigenschaften (wie zum Beispiel das Handling oder das Kurvenfahrverhalten) durch die Veränderungen ebenfalls beeinflusst werden. Daher muss bei der Entwicklung im Modellmaßstab einerseits stets darauf geachtet werden, dass die entsprechenden Modifikationen am Serienreifen auch umgesetzt werden können. Auf der anderen Seite können hier jedoch auch gezielt Parameter untersucht werden, die am 1:1-Rad nicht realisierbar sind, um so beispielsweise Trends besser verstehen und dann Empfehlungen für den Serienreifen aussprechen zu können.

6.3 Entwicklung eines Reifens mit austauschbarer Schulter

Nachdem gezeigt werden konnte, dass bereits im Modellmaßstab eine aerodynamische Optimierung der Reifen möglich ist, wurde im nächsten Schritt eine Methode entwickelt, mit der verschiedene Konfigurationen am Reifen in kurzer Zeit getestet werden können, ohne jeweils komplett neue Reifen fertigen zu müssen oder den Reifen irreversibel zu modifizieren. Damit können nicht nur Kosten gespart werden, sondern es können auch verschiedene Reifenvarianten in sehr kurzer Zeit auf ihre aerodynamischen Eigenschaften untersucht werden.

Die bisher vorgestellten Ergebnisse haben gezeigt, dass vor allem der Schulterbereich und die Seitenwand auf der Außenseite des Reifens die aerodynamische Performance des Reifens bestimmen. Daher wurde ein Reifen-Grundkörper entworfen, der in seiner Form dem Michelin Energy Saver entspricht. Der Bereich der äußeren Reifenschulter und Seitenwand wurde dabei ausgespart, um hier austauschbare Einsätze in Ringform einsetzen zu können. Die Einsätze werden formschlüssig ineinander gesteckt, so dass radiale Kräfte von der Verbindung aufgenommen werden. Damit ist die Stabilität auch bei hohen Drehzahlen gewährleistet (bei Messungen mit 70 m/s drehen sich die Reifen im Modellmaßstab mit circa 8500 Umdrehungen pro Minute). Axial wird der Schulterring lediglich durch Reibung in Position gehalten. **Bild 6.5** zeigt das Konstruktionsprinzip und unterschiedliche Ausführungen.

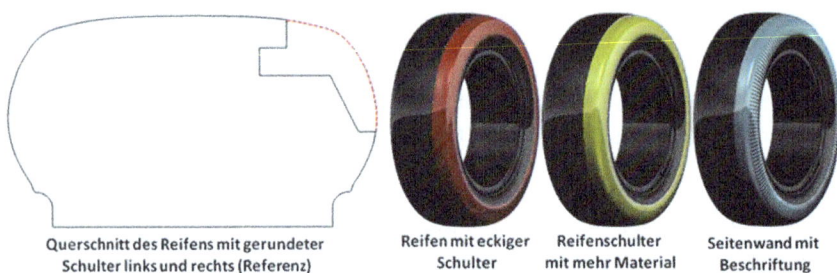

| Querschnitt des Reifens mit gerundeter Schulter links und rechts (Referenz) | Reifen mit eckiger Schulter | Reifenschulter mit mehr Material | Seitenwand mit Beschriftung |

Bild 6.5 Modellreifen mit austauschbarer Schulter. Links: Konstruktion, rechts: Unterschiedliche Ausführungen.

Zur Überprüfung der Funktionsweise wurden verschiedene Einsätze gefertigt, die vergleichbar mit den Schultergeometrien der Prototypenreifen sind. Dies ermöglicht den Vergleich der Ergebnisse mit denen von Messungen am realen Fahrzeug. Da die aerodynamischen Unterschiede verschiedener Reifen fast ausschließlich an der Vorderachse zum Tragen kommen, wurden im Modell nur die Vorderräder angepasst, um so den Aufwand weiter zu reduzieren. An der Hinterachse war jeweils der Michelin Energy Saver montiert. **Bild 6.6** zeigt die Ergebnisse der Messungen im Vergleich mit den Messungen des realen Fahrzeugs.

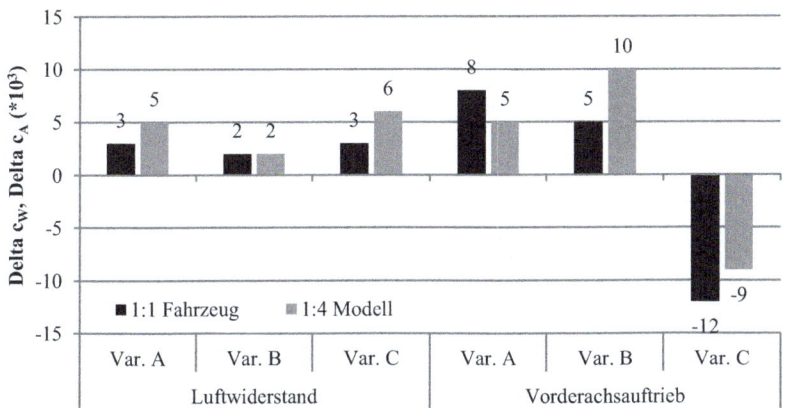

Referenz: **Reifen mit runder Schulter ohne Beschriftung**
Konfiguration: 1:1 - Fahrgeschwindigkeit 140 km/h; 1:4 - Fahrgeschwindigkeit 216 km/h

Bild 6.6: **Vergleich der Widerstands- und Auftriebsbeiwerte zwischen 1:1 und 1:4. Var. A: Reifen mit eckiger Schulter, Var. B: Schulter mit mehr Material, Var. C: Reifen mit Seitenwandbeschriftung.**

Für alle untersuchten Varianten ergeben sich gute Übereinstimmungen zwischen realem Fahrzeug und vereinfachtem 1:4-Modell, sowohl im Widerstand als auch im Vorderachsauftrieb. Ein Vergleich des Hinterachsauftriebs ist hier nicht sinnvoll, da im Modell – im Gegensatz zum 1:1-Fahrzeug – lediglich die Vorderräder getauscht wurden.

Messungen mit der Cobra-Sonde an den Reifen mit austauschbarer Schulter verdeutlichen den Grund für die Unterschiede im Luftwiderstandsbeiwert anhand der Veränderungen im Strömungsfeld, die durch die unterschiedlichen Schultergeometrien hervorgerufen werden. In **Bild 6.7** ist das Strömungsfeld in einer Ebene hinter dem Vorderrad für zwei der Schulterformen dargestellt. Während beim Reifen mit runder Schulterform der Wirbel in Bodennähe sehr klein ausfällt, wird dieser durch die eckige Schulter vergrößert. Wie auch schon beim Vergleich des Energy Savers mit dem optimierten Reifen (vgl. Bild 6.4) weist das Strömungsfeld im oberen Bereich, der von der Karosserie verdeckt wird, lediglich geringe Unterschiede auf.

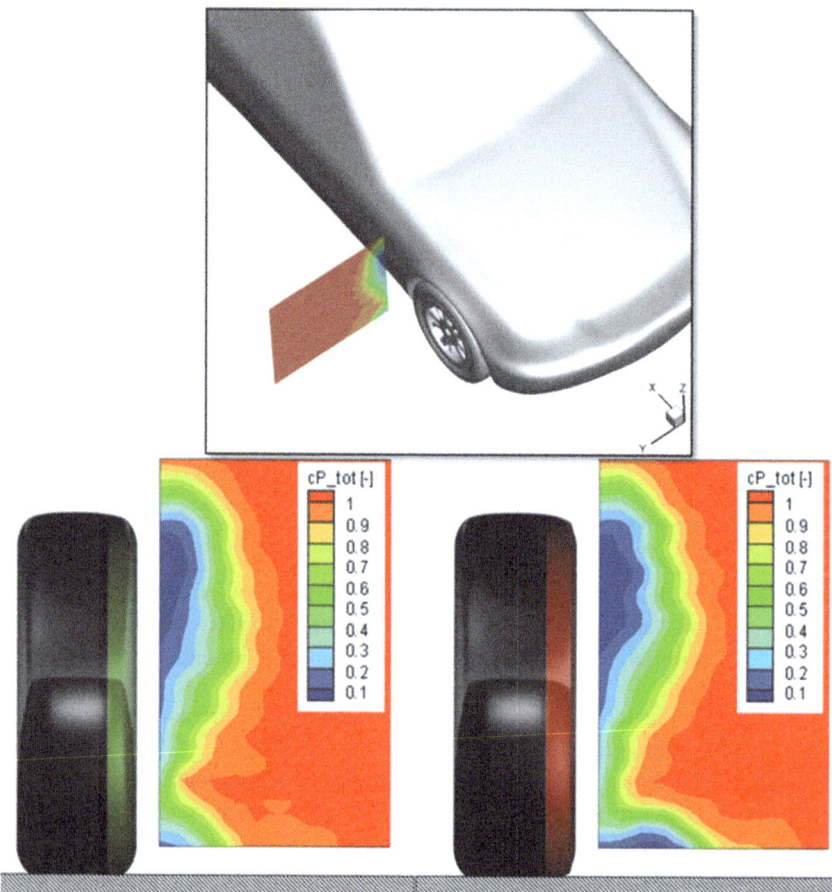

Bild 6.7: Totaldruckverteilung im Nachlauf des Vorderrads. Die Position der Ebene ist im oberen Bild dargestellt. Unten links: Reifen mit runder Schulter, unten rechts: Reifen mit eckiger Schulter.

Auch die Resultate der Untersuchung des Strömungsfelds bestätigen die in Abschnitt 4.4.2 gezeigten Ergebnisse der Messungen an den 1:1-Reifen. Damit stimmen nicht nur die aerodynamischen Beiwerte überein, sondern es kann auch gezeigt werden, dass in beiden Fällen die gleichen Wirkprinzipien vorliegen.

7 Schlussfolgerungen

Der Einfluss unterschiedlicher Pkw-Reifengeometrien auf den Luftwiderstand des Fahrzeugs wurde im Rahmen dieser Arbeit im Windkanal und auch in CFD untersucht. Dabei konnte gezeigt werden, dass bereits kleine Unterschiede in der Geometrie eines Reifens einen deutlichen Einfluss auf den Luftwiderstand eines Fahrzeugs haben können.

Der Einfluss einzelner geometrischer Parameter am Reifen wurde dabei erstmals isoliert untersucht, um so Aussagen über deren Einfluss auf den Luftwiderstand und deren Wirkungsweise treffen zu können. Es wurden verschiedene Prototypenreifen angefertigt, mit denen sichergestellt wurde, dass diese Reifen sich jeweils nur in einem speziellen Parameter unterscheiden und die Ergebnisse nicht durch weitere Änderungen beeinflusst werden.

Durch die gezielte Untersuchung äußerer Parameter konnte weiterhin ausgeschlossen werden, dass die Messergebnisse durch sonstige Störeinflüsse verfälscht werden. Dabei ist vor allem die Reifentemperatur zu nennen, die zwar einen großen Einfluss auf den Rollwiderstand eines Reifens hat, bei der aber auch gezeigt werden konnte, dass sie die aerodynamischen Messungen typischerweise nicht beeinflusst. Dies vereinfacht die aerodynamische Bewertung von Reifen ungemein, da ein spezielles Konditionieren des Reifens vor jeder Messung nicht nötig ist.

Mit dem Ergebnis, dass sich die aerodynamischen Eigenschaften eines Reifens größtenteils unabhängig vom Fahrzeug darstellen, wurde die Möglichkeit eröffnet, einen allgemein wirksamen optimierten Reifen zu entwickeln, und es konnten gezielt Parameter am Reifen auf ihre Auswirkungen auf den Luftwiderstand untersucht werden. Dabei konnte gezeigt werden, dass es vor allem die Reifen an der Vorderachse sind, die den Luftwiderstand des Fahrzeugs beeinflussen, da sie sich zu einem großen Teil in der direkten Anströmung unterhalb des Fahrzeugs befinden, aber dabei durch die Verdrängungswirkung der Karosserie gleichzeitig in diesem Bereich schräg angeströmt werden.

Als wichtige Parameter bezüglich der Aerodynamik eines Reifens konnten vor allem die Kontur der Reifenschulter, die Seitenwandbeschriftung und die Reifenbreite identifiziert werden. Ihre Wirkungsweise soll im Folgenden nochmals kurz dargestellt werden:

Die Kontur der Reifenschulter auf der Außenseite des Reifens trägt in hohem Maße zu den aerodynamischen Eigenschaften des Reifens bei. Für einen niedrigen Luftwiderstand sollte die Form der Schulter einen möglichst großen und stetigen Radius aufweisen, und es sollten sich in diesem Bereich keine störenden Kanten oder Ecken befinden, an denen die Strömung abreißen kann.

Bereits eine kleine umlaufende Kante an der Reifenschulter kann dazu führen, dass der Luftwiderstand eines Fahrzeugs um 5 Punkte erhöht wird.

Auch die Beschriftung der Seitenwand kann einen großen Beitrag zum Luftwiderstand des Reifens leisten, wenn die Schrift beispielsweise von der Seitenwand erhaben ist. Durch die Rotation des Reifens bildet die Schrift eine umlaufende Kante, die ebenfalls zur Strömungsablösung und damit zu einem erhöhten Luftwiderstand führt. Durch ein „Eingravieren" der Beschriftung in die Seitenwand lassen sich diese negativen Auswirkungen auf die Aerodynamik fast vollständig vermeiden.

Der direkte Zusammenhang, der zwischen Reifenbreite und Luftwiderstand nachgewiesen werden konnte, ist einer der wichtigsten Punkte im Hinblick auf die Reifenaerodynamik. Es konnte nicht nur gezeigt werden, dass durch eine vergrößerte Reifenbreite der Luftwiderstand ansteigt, sondern es wurde weiterhin nachgewiesen, dass auch die Breitenänderung am Reifen, wie sie beispielsweise bei unterschiedlichen Fahrgeschwindigkeiten auftritt, direkt im Luftwiderstand sichtbar wird. Damit kann ein wichtiger Beitrag zur Erklärung des Reynoldseffekts geleistet werden, der bei Windkanalmessungen häufig zu sinkenden Luftwiderstandsbeiwerten bei höheren Fahrgeschwindigkeiten führt.

Messungen der Reifenbreite im Betrieb ergaben eine Breitenänderung von bis zu 6 mm bei einer Geschwindigkeitsänderung von 80 km/h auf 200 km/h. Dies führt bereits zu einer Reduktion des Luftwiderstands um circa 3 Punkte. Bei höheren Geschwindigkeiten nimmt die Breite des Reifens noch stärker ab, so dass der Luftwiderstand noch geringer wird.

Werden die vorgeschlagenen Optimierungen am Reifen konsequent umgesetzt, so können auch bei bereits aerodynamisch vorteilhaften Serienreifen Verbesserungen in der Größenordnung von 10 Punkten erzielt werden. Dabei muss jedoch beachtet werden, dass sich durch die Modifikation am Reifen andere Eigenschaften verändern können, und damit letztendlich für jeden Reifen der beste Kompromiss aus allen Eigenschaften gefunden werden muss.

Ohne Beeinflussung der übrigen Reifeneigenschaften war es möglich, basierend auf einem aerodynamisch vorteilhaften Serienreifen einen optimierten Reifen zu entwickeln, mit dem der Luftwiderstand eines Fahrzeugs um bis zu 5 Punkte gegenüber dem Serienreifen reduziert werden konnte. Damit kann im NEFZ circa 0.5 g CO_2/km eingespart werden, was bei einem flächendeckenden Einsatz eines solchen Reifens zu einer merklichen Reduktion des CO_2-Ausstoßes im Straßenverkehr führen würde [71].

Um die Beurteilung eines Reifens zu vereinfachen, wurde nach einer Möglichkeit gesucht, die Messung aus dem 1:1-Windkanal in den Modellwindkanal zu verlagern. Mit Hilfe der Rapid-Prototyping-Technologie konnten Modellreifen gefertigt werden, welche die gleichen aerodynamischen Eigenschaften wie ihre Originale aufweisen. Dies vereinfacht die Entwicklung eines aerodynamisch optimierten Reifens, da sowohl die Fertigungskosten deutlich geringer, als auch die Windkanalmesszeit im Modellmaßstab günstiger und besser verfügbar sind.

Mit der Entwicklung des Reifens mit austauschbarer Schulter konnte zudem eine weitere Möglichkeit geschaffen werden, um zusätzlich Entwicklungszeit und Kosten zu sparen.

Die Ergebnisse dieser Arbeit lassen weiterhin den Schluss zu, dass es für die Untersuchung der aerodynamischen Eigenschaften eines Reifens und deren Optimierung möglich sein könnte, einen vom Fahrzeug unabhängigen Prüfstand zu entwickeln. Basierend auf der Umströmung eines Reifens an der Vorderachse eines Fahrzeugs müsste an einem solchen Prüfstand vor allem die Strömungstopologie im unteren Bereich des Reifens möglichst gut dargestellt werden. Gelänge dies, so könnte die Entwicklung der Reifen unabhängig vom Windkanal erfolgen, und es könnte so viel Entwicklungszeit und Geld eingespart werden.

8 Anhang

8.1 Literaturverzeichnis

[1] Ammon, D.: Modellbildung und Systementwicklung in der Fahrzeugdynamik. Teubner Verlag, 1997, ISBN: 978-3-5190-2378-4
[2] Axon, L.; Garry, G.; Howell, J.: An Evaluation of CFD for Modelling the Flow Around Stationary and Rotating Isolated Wheels. SAE Technical Paper 980032, 1996
[3] Backfisch, K. P.; Heiz, D.: Das neue Reifenbuch. Motorbuchverlag, 2000, ISBN: 978-3-6130-2025-2
[4] Bauer, T.: Entwicklung eines 2D-Reifenscanners auf Basis des Lichtschnittverfahrens, Studienarbeit am Institut für Verbrennungsmotoren und Kraftfahrwesen (IVK), Universität Stuttgart. 2012
[5] Behr, U.: Patentanmeldung DE102010017634 A1 "Fahrzeugluftreifen", 2010
[6] Behr, U.: Patentanmeldung DE 102010036765 A1 "Fahrzeugluftreifen", 2010
[7] Behr, U.: Patentanmeldung EP 2332748 A1 "Fahrzeugluftreifen" 2010
[8] Braess, H.-H.; Seiffert, U.: Vieweg Handbuch Kraftfahrzeugtechnik, 3. Auflage. Wiesbaden: Vieweg+Teubner Verlag, 2003, ISBN: 978-3-5282-3114-9
[9] Breitling, T.; Jehle, E.; Reister, H.; Schwarz, V.: Development and Evaluation of a Numerical Simulation Strategy Designed to Support the Ealy Stages of the Aerodynamic Development Process. SAE Technical Paper, 2002-01-571, 2002
[10] Cogotti, A.: Aerodynamic characteristics of car wheels. In: Int. Journal of Vehicle Design, Technological Advances in Vehicle Design Series, SP3, Impact of Aerodynamics on Vehicle Design, 1983, S. 173–196
[11] Deutenbach, K. R.; Janssen, L. J.: Einfluss von drehenden Rädern unter Berücksichtigung der Unterbodengestaltun im Windkanalversuch am PKW. Haus der Technik - Tagung "Aerodynamik des Kraftfahrzeuges": 1984
[12] Duell, E.; Kharazi, A.; Muller, S.; Ebeling, W.; Mercker, E.: The BMW AVZ Wind Tunnel Center. SAE Technical Paper 2010-01-0118, 2010
[13] Economic Commission for Europe: ECE-R-30, ECE-Regelung, Einheitliche Bedingungen für die Genehmigung der Luftreifen für Kraftfahrzeuge und ihre Anhänger, 2008

[14] Estrada, G. E.: Das Fahrzeug als aerodynamischer Sensor. Expert Verlag, Stuttgart, 2011, ISBN: 978-3-8169-3097-6.
[15] European Tyre and Rim Technical Organisation (E.T.R.T.O.), Standards Manual. Brüssel, 2009
[16] Fackrell, J.; Harvey, J.: The Aerodynamics of an Isolated Road Wheel. In: Proceedings of the Second AIAA Symposiom of Aerodynamics of Sports and Competition Automobiles, 1974
[17] Fackrell, J.; Harvey, J.: The Flow Field and Pressure Distribution of an Isolated Road Wheel. In: Advances in Road Vehicle Aerodynamics, 1973
[18] Fecker, N.; Albrecht, C.: The new CLA - Aestetics and Aerodynamics. In: Progress in Vehicle Aerodynamics and Thermal Management – Proceedings of the 9th FKFS-Conference, 2013
[19] Fischer, O.; Kuthada, T.; Mercker, E.; Wiedemann, J.; Duncan, B.: CFD Approach to Evaluate Wind-Tunnel and Model Setup Effects on Aerodynamic Drag and Lift for Detailed Vehicles. SAE Technical Paper 2010-01-0760, 2010
[20] Gross, E. P.; Krook, M.; Bathnagar, P. L.: A Model for Collision Processes in Gases. Pysical Review, Cambridge, 1954
[21] Heidrich, M.: The New Aeroacoustic Windtunnel in the Mercedes-Benz Technology Center. In: Progress in Vehicle Aerodynamics and Thermal Management - Proceedings of the 9th FKFS-Conference, 2013
[22] Hobeika, T.; Sebben, S.; Landström, C.: Investigation of the Influence of Tyre Geometry on the Aerodynamics of Passenger Cars. SAE Technical Paper 2013-01-0955, 2013
[23] Hucho, W.-H.: Aerodynamik der stumpfen Körper. Braunschweig / Wiesbaden: Vieweg & Sohn Verlagsgesellschaft, 2002, ISBN 3-528-06870-1
[24] Hucho, W.-H.: Aerodynamik des Automobils. Wiesbaden: Springer Verlag, 5. Auflage, 2005
[25] Hänel, D.: Molekulare Gasdynamik Einführung in die kinetische Theorie der Gase und Lattice-Boltzmann-Methoden, 1. Edition. Berlin, Heidelberg: Springer Verlag, 2004, ISBN 3-540-44247-2
[26] Höfer, P.: The new B-Class: Aerodynamic Challenges of the Mercedes-Benz Front-Wheel-Drive Architecture. In: Progress in Vehicle Aerodynamics and Thermal Management – Proceedings of the 8th FKFS-Conference, 2011, S. 32–40
[27] Kieselbach, R. J.: Stromlinienautos in Deutschland. Aerodynamik im PKW-Bau 1900 bis 1945. Stuttgart: Verlag W. Kohlhammer GmbH, 1982, ISBN: 978-3-1700-7626-6

[28] Knowles, R.; Saddington, A.; Knowles, K.: Simulation and Experiments on an Isolated Racecar Wheel Rotating in Ground Contact. In: Proceedings of the 4th MIRA International Vehicle Aerodynamics Conference, 2002
[29] Koenig-Fachsenfeld, R. v.: Aerodynamik des Kraftfahrzeugs. Frankfurt: Umschau-Verlag, 1951
[30] Koenig-Fachsenfeld, R. v.: Problem "Lenkradverkleidung". In: Motor-Kritik, Ausgabe: 2/1942, S. S.33–57.
[31] Kuthada, T.: CFD and Wind Tunnel: Competitive Tools or Supplementary Use? In: Progress in Vehicle Aerodynamics IV – Numerical Methods, 2007
[32] Kuthada, T.: Die Optimierung von Pkw-Kühlluftführungssystemen unter dem Einfluss modernen Bodensimulationstechniken. Expert Verlag, ISBN -10:3-8169-2664-9, Stuttgart, Dissertation, 2006
[33] Küstner, R.; Potthoff, J.: The Aero-Acoustic Wind Tunnel of Stuttgart University. In: SAE Technical Paper 95-06-25, 1995
[34] Landstrom, C.; Josefsson, L.; Walker, T.; Lofdahl, L.: Aerodynamic Effects of Different Tire Models on a Sedan Type Passenger Car. In: SAE Technical Paper 2012-01-0169, 2012
[35] Landström, C.: Passenger Car Wheel Aerodynamics. PhD Thesis, Chalmers Univeristy of Technology: 2011
[36] Leister, G.: Fahrzeugreifen und Fahrwerkentwicklung. Wiesbaden: Vieweg+Teubner Verlag, 2009, ISBN: 978-3-8348-0671-0
[37] Mayer, W.: Bestimmung und Aufteilung des Fahrwiderstandes im realen Fahrbetrieb. Renningen: Expert Verlag, 2006
[38] Mears, A. P.; Dominy, R. G.; Sims-Williams, a.: The Air Flow About an Exposed Racing Wheel. SAE Technical Paper 2002-01-3290, 2002
[39] Mears, A. P.; Dominy, R.; Sims-Williams, D.: The Flow About an Isolated Rotating Wheel - Effects of Yaw and Lift, Drag and Flow Structure. In: 4th MIRA International Vehicle Aerodynamics Conference, 2002
[40] Mercker, E.; Berneburg, H.: Über die Simulation der Straßenfahrt eines Pkw im Windkanal durch bewegten Boden und drehende Räder. Haus der Technik, Essen: 1992
[41] Mercker, E.; Knape, H.: Ground Simulation with Moving Belt and Tangential Blowing for Full-Scale Automotive Testing in a Wind Tunnel. In: SAE Technical Paper 890367, 1989
[42] Mercker, E.; Breuer, N.; Berneburg, H.; Emmelmann, H.: On the Aerodynamic Interference Due to the Rolling Wheels of Passenger Cars. In: SAE Technical Paper 910311, 1991

[43] Michelin, Der Reifen - Haftung. Karlsruhe: Michelin Reifenwerke KGaA, 2005, ISBN: 2-06-711659-2
[44] Michelin, Der Reifen - Rollwiderstand und Kraftstofferstparis. Karlsruhe: Michelin Reifenwerke KGaA, 2005, ISBN: 2-06-711658-4
[45] Mlinaric, P.: Investigation of the Influence of Tyre Deformation and Tyre Contact Patch on CFD Predictions of Aerodynamic Forces on a Passenger Car. Master's Thesis, Chalmers University of Technology, Göteborg: 2007
[46] Modlinger, F.; Adams, N.: New Directions in the Optimization of the Flow around Wheels and Wheel Arches. In: Proceedings of the 7th MIRA International Conerence on Vehicle Aerodynamics, 2008
[47] Modlinger, F.; Demuth, R.; Adams, N.: Investigatins on the Realistic Modeling of Flow around Weels and Wheel Arches by CFD. JSAE Annual Congress, Yokohama, Japan, JSAE Paper No. 20075195: 2007
[48] Moore, F.: On the Separation of the Unsteady Laminar Boundary Layer, Cornell Aeronautical Laboratory Buffalo. Springer Verlag, 1958
[49] Morelli, A.: Aerodynamic Actions on an Automobile Wheel. In: 1st Symposium on Road Vehicle Aerodynamics, London, 1969
[50] Nölting, S.; Alabegovic, A.; Anagnost, A.; Krumenaker, T.; Wessels, M.: Validation of "Digital Physics" Simulations of the Flow over the ASMO-II Body. 97VR092
[51] Ogawa, A.; Yano, S.; Mashio, S.; Takiguchi, T.; Nakamura, S.; Shingai, M.: Development Methologies for Formula One Aerodynamics. In: Honda R&D Technical Review 2009, F1 Special (The Third Era Activities), 2009, S. 142–151
[52] Oswald, L. J.; Browne, A.: The Airflow Field Around an Operating Tire and Its Effect on Tire Power Loss. SAE Technical Paper 810166, 1981
[53] Pfadenhauer, M.: Konzepte zur Verringerung des Luftwiderstandsbeiwerts von Personenkraftwagen unter Berücksichtigung der Wechselwirkungen zwischen Fahrzeug und Fahrbahn sowie der Raddrehung. Diplomarbeit, Lehrsruhl für Fluidmechanik, Technische Universität München: 1995
[54] Potthoff, J.: Aufwertung der IVK-Kraftfahrzeug-Windkanalanlage durch Nachruestungen 1992-1997. Stuttgarter Symposium Kraftfahrwesen und Verbrennungsmotoren, Band 2, 1995
[55] Potthoff, J. (Hrsg.); Maier, H.; Grau, U.; Guttmann, B., 75 Jahre FKFS – ein Rückblick. Stuttgart: FKFS, 2005
[56] Potthoff, J.; Fiedler, R.-G.: Simulation der Raddrehung bei aerodynamischen Untersuchungen an Kraftfahrzeugen. Haus der Technik – Tagung "Aerodynamik des Kraftfarzeugs": 1995
[57] Potthoff, J.; Wiedemann, J.: Die Straßenfahrtsimulation in den IVK Windkanälen – Ausführung und erste Ergebnisse. In: In: Bargende, M.;

Wiedemann, J. (Hrsg.): 5. Internationales Symposium, Expert Verlag, Rennignen, 2003. ISBN: 3-8169-2180-9.
[58] Potthoff, J.; Michelbach, A.; Wiedemann, J.: Die neue Laufband-Technik im IVK-Aeroakustik-Fahrzeugwindkanal der Universität Stuttgart Teil 1 und 2. In: ATZ 106, Heft 1+2, 2004
[59] Potthoff, J.: Straßenfahrtsimulation im IVK-Modellwindkanal bei der aerodynamischen Formoptimierung von 1:5-Fahrzeugmodellen. In: Bargende, M.; Wiedemann, J.: 3. Stuttgarter Symposium. Renningen: Expert Verlag, 1999, ISBN 3-8169-1751-8
[60] Pudenz, K. - ATZonline.de.; Quelle: http://www.springerprofessional.de/porsche-investiert-in-entwicklungszentrum-und-stellt-100-ingenieure-ein-12852/3949200.html am 22.12.2013
[61] Rheinländer, M. K.: Analysis of Lattice-Boltzmann-Methods Asymptotic and Numeric Investigation of a Singularly Perturbed System. Universität Konstanz, Dissertation, 2007
[62] Rott, N.: Unsteady Viscous Flow in the Vicinity of a Stagnation Point, Cornell University, Quarterly Journal of Applied Mathematics. 1955
[63] Saddington, A.; Knowles, R.; Knowles, K.: Laser Doppler Anemometry Measurements in the Near-wake of an Isolated Formula One Wheel. In: Experiments in Fluids, 2007, S. 671–681
[64] Schedel, R.; ATZonline.de .; Quelle: http://www.springerprofessional.de/aerodynamik-am-autoreifen-fuer-mehr-performance-14528/3951154.html am 17.März.2013
[65] Scheiderer, S.: Effiziente parallele Lattice-Boltzmann-Simulation für turbulente Strömungen. Universität Stuttgart, Diplomarbeit, 2006
[66] Schiefer, U.: Zur Simulationstechnik des freistehenden Fahrzeugrades im Windkanal. Dissertation, Universität Stuttgart: 1993, ISBN: 3-924860-16-5
[67] Schneider, S.; Wiedemann, J.; Wickern, G.: Das Audi Windkanalzentrum. Haus der Technik - Tagung "Aerodynamik des Kraftfarzeugs": 1998
[68] Schnepf, B.; Indinger, T.; Tesch, G.: Investigations on the Flow Around Wheels Using Different Road Simulation Tools. In: Progress in Vehicle Aerodynamics and Thermal Management - Proceedings of the 9th FKFS-Conference, 2013, S. 155–166.
[69] Schröck, D.: Eine Methode zur Bestimmung der aerodynamischen Eigenschaften eines Fahrzeugs unter böigem Seitenwind. Dissertation Universität Stuttgart: Expert Verlag, 2012, ISBN: 978-3-8169-3147-8
[70] Schütz, T.: Ein Beitrag zur Berechnung der Bremsenkühlung an Kraftfahrzeugen. Dissertation Universität Stuttgart: 2009
[71] Schütz, T.: Hucho – Aerodynamik des Automobils, 6. Auflage. Wiesbaden: Vieweg+Teubner, 2013, ISBN: 978-3-8348-1919-2

[72] Sears, W. R.: Some Recent Developments in Airfoil Therory, Journal of the Aeronautical Sciences, 23. 1956

[73] Sebben, S.; Landström, C.: Prediction of Aerodynamic Drag for Different Rim Designs Using Varied Wheel Modelin in CFD. In: Progress in Vehicle Aerodynamics and Thermal Management - Proceedings of the 8th FKFS-Conference, 2011, S. 1–14

[74] Skea, A. F.; Bullen, P. R.; Qiao, J.: The use of CFD to Predict Air Flow Around a Rotating Wheel. In: Proceedings of the 2nd MIRA International Conference on Vehicle Aerodynamics, 1998

[75] Stapleford, W.; Carr, G.: Aerodynamic Characteristics of Exposed Rotating Wheels. In: MIRA Report No. 1970/2, 1970

[76] Stephan, P.; Schaber, K.; Stephan, K.; Mayinger, F.: Thermodynamik - Grundlagen und technische Anwendungen, Band 1: Einstoffsysteme. Springer, 2013, ISBN 978-3-642-30098-1

[77] Tesch, G.; Modlinger, F.: Die Aerodynamikfelge von BMW. Haus der Technik - Tagung "Aerodynamik des Kraftfarzeugs": 2012

[78] Walker, T.: Effects of wheel rotation on aerodynamic drag in the Volvo moving belt wind tunnel. In: Progress in Vehicle Aerodynamics and Thermal Management - Proceedings of the 5th FKFS-Conference, 2007

[79] Weidemann, R.; Müller, R.: Windkanaluntersuchungen zum Einfluss der Raddrehung auf das radnahe Strömungsfeld eines Kraftfahrzeugs. Haus der Technik - Tagung "Aerodynamik des Kraftfahrzeugs": 1992

[80] Wickern, G.: The Effect of Moving Ground on the Aerodynamic Drag of a Production Car. In: Proceedings of the SATA Conference, South Bend, 1991

[81] Wickern, G.; Lindener, N.: The Audi Aeroacoustic Wind Tunnel: Final Design and First Operational Experience. In: SAE Technical Paper 2000-01-0868, 2000

[82] Wickern, G.; Zwicker, K.; Pfadenhauer, M.: Rotating Wheels – Their Impact on Wind Tunnel Test Techniques and on Vehicle Drag Results. In: SAE Technical Paper 970133, 1997

[83] Wiedemann, J.; Settgast, W.: Der Einfluss der Bodensimulation auf die Optimierung des Luftwiderstands. Stuttgarter Symposium Kraftfahrwesen und Verbrennungsmotoren, Band 2, 1995

[84] Wiedemann, J.; Wickern, G.; Ewald, B.; Mattern, C.: Audi Aero-Acoustic Wind Tunnel. SAE Technical Paper 930300: 1993

[85] Wiedemann, J.: Kraftfahrzeuge II - Umdruck zur Vorlesung im Wintersemester 2009/2010. Universität Stuttgart: Institut für Verbrennungsmotoren und Kraftfahrwesen, 2009

[86] Wiedemann, J.: Leichtbau bei Elektrofahrzeugen – Wieviel ist er uns (noch) wert?. In: ATZ, 6.2009, S. 462–463

[87] Wiedemann, J.: The Influence of Ground Simulation and Wheel Rotation on Aerodynamic Drag Optimization – Potential for Reducing Fuel Consumption. In: SAE Technical Paper 960672, 1996

[88] Wiedemann, J.; Potthof, J.: The New 5-Belt Road Simulation System of the IVK Wind Tunels – Design and First Results. SAE Technical Paper 2003-01-0429: 2003

[89] Wittmeier, F.; Hennig, A.; Kuthada, T.; Wiedemann, J.; Paparo, P.; Wagner, H.; Shibahata, Y.: Future Aerodynamic Drag Targets: A Case Study. In: Progress in Vehicle Aerodynamics and Thermal Management – Proceedings of the 8th FKFS-Conference, 2011, S. 108–120

[90] Wittmeier, F.; Widdecke, N.; Wiedemann, J.: Reifenentwicklung unter aerodynamischen Aspekten, FAT-Schriftenreihe Nr. 252. Edition. Berlin: VDA, 2013

[91] Wolf-Gladrow, D. A.: Latice-Gas Cellular Automata and Lattice Boltzmann Models. Berlin, Heidelberg: Springer Verlag, 2000, ISBN: 3-540-66973-6

[92] Wäschle, A.; Cyr, S.; Kuthada, T.; Wiedemann, J.: Flow Around an Isolated Wheel - Experimental and Numerical Comparison of Two CFD Codes. SAE Technical Paper 2004-01-0445: 2004

[93] Wäschle, A.: Numerische und experimentelle Untersuchung des Einflusses von drehenden Rädern auf die Fahrzeugaerodynamik. Stuttgart: Expert Verlag, 2006, ISBN 978-3-8169-2659-7

[94] Yokohama Pressemitteilung, Dezember 2012.; Quelle: http://www.yokohama-online.com/News/YEU/2012/Q04/YOKOHAMA-Develops-Tyre-Design-Technology am 22.12.2013

[95] Zwicker, K.; Wickern, G.; Pfadenhauer, M.: Der Einfluss von Rädern und Reifen auf den aerodynamischen Widerstand. In: Tagung Aerodynamik des Kraftfahrzeugs, Haus der Technik, Essen, 1995

8.2 Übersicht über die verwendeten Messfahrzeuge

Audi A4

- Reifengröße Serienfahrzeug: 205/60 R16, Felgen: 7,0 J x 16
- Fahrzeugklasse: Kombi

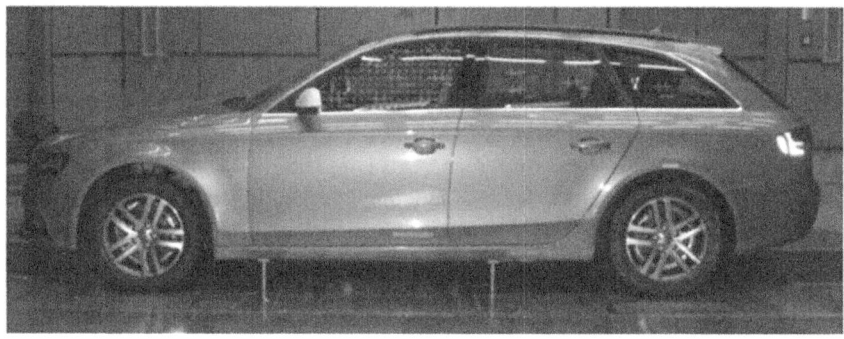

BMW 3er

- Reifengröße Serienfahrzeug: 205/55 R16, Felgen: 7,0 J x 16
- Fahrzeugklasse: Limousine

Ford C-Max

- Reifengröße Serienfahrzeug: 205/55 R16, Felgen: 6,5 J x 16
- Fahrzeugklasse: Kompakt Van

Mercedes E-Klasse

- Reifengröße Serienfahrzeug: 205/60 R16, Felgen: 7,0 J x 16
- Fahrzeugklasse: Limousine

Opel Insignia

- Reifengröße Serienfahrzeug: 205/60 R16, Felgen: 6,5 J x 16
- Fahrzeugklasse: Fließhecklimousine

Porsche Cayman

- Reifengröße Serienfahrzeug: VA: 205/55 R17, Felgen: 7,0 J x 17, HA: 235/50 R17, Felgen: 8.5 J x 17
- Fahrzeugklasse: Sportwagen

Skoda Yeti

- Reifengröße Serienfahrzeug: 205/55 R16, Felgen: 7,0 J x 16
- Fahrzeugklasse: SUV

VW Golf

- Reifengröße Serienfahrzeug: 205/55 R16, Felgen: 6,0 J x 16
- Fahrzeugklasse: Kombi

8.3 Übersicht über die eingesetzten Felgen

- **Benchmarkmessungen:** Mercedes Stahlfelge 6,5J16 ET 60 – gemessen mit und ohne Radkappe – Bild links
- **Parameteruntersuchungen:** Audi 6-Speichen-Alufelge 7J16 ET39 – Bild in der Mitte
- **Abschlussmessungen:** VW 5-Doppelspeichen-Alufelge 6,5J16 ET50 – Bild rechts

The manufacturer's authorised representative in the EU is Springer Nature Customer Service Centre GmbH, Europaplatz 3, 69115 Heidelberg, Germany. If you have any concerns regarding our products, please contact ProductSafety@springernature.com

Printed and bound by CPI Group (UK) Ltd, Croydon, CR0 4YY

25/03/2026

02078215-0002